經營顧問叢書 ③④

U0070550

《各部門年度計劃工作》 增訂三版

章煌明　黃憲仁　編著

憲業企管顧問有限公司　　發行

《各部門年度計劃工作》 增訂三版

序 言

一個有理想、有發展、有未來的企業，必定也是一個著重經營計劃的企業，既有正確的戰略，又有巨大的執行力。

企業有了總體經營計劃之後，每個部門就能藉著明確的總目標，部門主管要提出如何配合公司總體計劃的「本部門年度計劃工作」，釐訂出本部門應做的工作，朝著永續經營的坦途大道進行。

各個執行部門不僅要知道今年完成的目標是什麼，它們如何完成，需要多少資源，怎樣控制管理完成計劃的過程，以及完成目標的各個關鍵點等等。

為了順利發展並且突破現狀，各部門不只本部門工作順利，并且各部門間能協同配合作業，公司各部門在經營理念的認識上，都必須達到相同的水準，否則企業與各部門之間的理念鴻溝愈寬，公司經營的惡化速度就愈快。

為因應新時代的挑戰，企業必須革新，提出年度經營總計劃，而部門主管不再只是單一部門的主管，還要站在更高的經營角度，用更廣闊的視野，提出本部門的年度計劃工作，每個部門皆如此，共同迎

接挑戰。

　　這本書《各部門年度計劃工作》，是經營顧問師針對企業界，協助各部門主管如何編制《年度工作計劃》的培訓班教材，加以改編而成。此書上市後，由於內容符合企業實際需要，各大企業紛紛採用為員工培訓教材。

　　此次 2019 年 3 月推出增訂三版，內容頁數大幅度增加到 346 頁，本書是針對企業的年度經營計劃工作，各部門主管應如何提出「各部門別的年度經營計劃工作」，本書內容實務，內容共分為 6 個步驟：各部門年度計劃工作的準備、各部門年度計劃工作的流程、各部門年度計劃工作的製作要點，各部門年度計劃工作的執行、各部門年度計劃工作的評價，各部門年度計劃的範例，全書內容是企業各部門主管經營必備的工具書。

　　《企業經營計劃》系列叢書，是我和顧問界好友共同規劃與撰寫，一共有 4 本：《企業經營計劃》，《各部門編制預算工作》，《經營分析》，《各部門年度計劃工作》，相信讀者閱畢本書，對自己的部門必有進一步的認識與評價，能引領部門管理工作，進入更美好的境地！

2019 年 3 月　增訂三版

企業經營計劃　　　各部門編制預算工作　　　经营分析　　　各部門年度計劃工作

《各部門年度計劃工作》 增訂三版

目　錄

第 一 章

各部門年度計劃工作的準備

1 要制訂詳細的年度計劃

有的公司認為自己並沒有訂定經營計劃,事實上這僅是就其體系或就其組織而言,沒有訂定經營計劃。但是,完全沒有計劃的企業是不存在的。貴公司也一定訂定了某種形式的計劃,雖然該計劃並不是十分完美,但貴公司必然也在追求著更好的計劃。

為了訂定適當的計劃,往往就有必要去學習一般理論、方法,以及其他公司的成功事例。不過,一般性的方法,以及某一企業成功的作法,不但在條件上會有所不同,而且必定無法完全適應每一個企業。

依企業的不同,其業種、業態、規模也有所不同。此外,每一企業因老闆的方針、經營幹部的想法、以及以往在經營上的作法與實績、管理水準的高低、推行計劃者在公司內的地位等等,都會影響計劃的訂定,使計劃產生不同的效益。

所以,很難找出某種最理想的經營計劃,去適應所有的企業。在

訂定經營計劃之前，有必要儘量吸收一般理論、方法，以及其他公司的成功事例，但同時也應當注意自己的企業所擁有的特點，來訂定出適當的經營計劃，這樣，才能夠逐漸提高業績。

要想訂定出適當的經營計劃，並且有效地運用經營計劃，則必須具備種種的前提條件。例如，主管的責任與許可權，必須明確；必須有責任會計制度；必須對員工有所教育，並獲得員工的合作；必須獲得預測數據；必須獲得經營者的理解等等。不過，要想等這一切的條件都準備好之後，再訂定經營計劃，那麼不論等到什麼時候，都無法訂定經營計劃。因此，當這些前提條件，具備到某種程度之後，就可以開始訂定經營計劃。

當然，在開始實施所訂定的計劃之後，通常都會產生許多問題。同時，隨著時間的經過，企業內外的各種條件，也會發生變化。因此，如果一直使用相同的方法來推行經營計劃，就無法產生良好的效果。

在實行所訂定的計劃之後，必須同時追蹤是否產生了所期待的效果，如果未能產生所期待的效果時，應找出那一個部份發生了問題，並且掌握問題點，以求研討改善的策略。

一個企業是否傑出，端看所採行的方法是否能產生效果。事實上，任何方法，一直不斷地使用下去，其效果都會減低，為了提升效果，應當採行 PLAN（計劃）、DO（實施）、SEE（反省）的循環，就是不停地計劃、不停地實施、不停地反省，如此週而復始，必能提高效益。任何企業在某一時期所訂定的計劃，都無法適應所有的時期，因此需要隨時期的演變，而改善所應採行的策略。

◎登山失事的教訓

計劃→實行→統制→評價→對策，這是計劃性經營的大原則。計劃制定得好，實施起來才比較容易，而難就難在計劃之制定這點。況且年計劃與長期計劃不同，年計劃若失去實用性，就不會有任何意義。所以制訂年計劃不能敷衍塞責，因為那是實用的計劃，既是實用的計劃，就一定要能實現，要能收到成果才行。

「有好的預防，就可省卻治療；有好的計劃，將來就不致緊張與猶豫。」

每年登山季節都會發生許多令人傷心的事件，填滿了報章雜誌的篇幅。說來雖很令人同情，其實，大部份失事原因都要歸咎於登山者沒有做好登山計劃的緣故。其實，登山與經營計劃是很相像的。或許有人會覺得很奇怪，登山與經營計劃有何聯繫呢？

◎計劃→實施→管制的循環

登山的時候，尤其是團體登山時，諸如：週密的計劃；依照計劃行事；依照計劃統制團體，相信大家都感到很重要吧。登山需要很週密的計劃，沒有計劃就不便於行動。這大都與經營的實務一樣，無論是經營組織或是登山的團體，彼此都是經過組織化的集團 (Organized Society & Organized Party)，這時候的團體士氣 (Organization Morale)，非要大家在一個目的之下活動，是絕難期待它發生效果的。

就以登山為例吧，假如領隊主張要去北阿爾卑斯山，而部份隊員

卻主張登南阿爾卑斯山時，最後必須決定一個共同的目的，例如這一次大家去南阿爾卑斯山，下一次去北阿爾卑斯山等，否則，就無從決定行程，經營的情形也是一樣。只是實際上，大家不見得都處理得很好。

但是，縱然你已有計劃，而且是很好的計劃，實行的時候假使沒有任何管制的話，恐怕仍然不會有理想的成果。請看表 1-1-1 就可以知道，在「計劃→實施→管制」的原則，以及其應用方面，經營與登山幾乎完全沒有不同的地方。惟一不同的是，經營對未來必須要有永遠的持續性，並要為獲得發展性與安定性而不斷的努力競爭。為此，經營方面必需時時創造利益，而登山就沒有這一層必要了。

表 1-1-1　計劃→實施→管制的概要表

	經營	登山
計劃	・長期計劃、年計劃等。 ・財務計劃、生產計劃、勞務計劃等。 ・日程計劃、時間計劃等。	・各種登山計劃、目標等。 ・裝備計劃、食糧計劃等。 ・路程時間等。
實施	・經營組織、職制等。 ・人、資金、物資、空間、時間等。	・分組分擔 ・人、金錢、物資、時間等。
統制	預算控制、企業規章、規定、規則、標準化等。	不過快也不過遲，儘量維持或保持以各組的標準為主的共同速度，防止掉隊。

以登山比喻經營，那麼，首次的征服山頂，就像是創業者的利潤。征服名山，就像景氣時期利潤的獲得。而巧逢機緣，去登喜馬拉雅山或是瑞士阿爾卑斯山，那就叫做機會利潤了。在登山界裏，普通的所謂征服山巔，不一定都是處女行，所征服的也不一定都是名山。大家都是一山又一山的累積經驗。經營的情形也是如此，初時大家所追求的無非是經營利潤。不過有時候初次的登山，也可能有多彩多姿的表

現。而企業家的創業者利潤，有時候也頗富魅力。登山者征服了山顛之後，接著下山，經營者則是不斷的、連續的登山。不過，有時不得已，也有下山的時候。

◎能適應變化的計劃

現代經營的一大特徵，是要如何在變動不已的經濟環境中適應變化的事情。而實際上，以目標或計劃為中心的推展計劃之重要性，也是由於這一激烈變動的時代所造成的。因此，在現時代中，所必須重視的事情，就是變化多端的變化本身的真相，及適應這種變化的萬全之經營對策了。

最近登山者之中，竟也有穿著普通皮鞋，手提普通旅行袋，就像郊遊似的悠哉悠哉上山的人。這類人之中，年輕少女最多。

她們當然沒有明確的登山計劃，有關此山的情報更是缺乏，同時也一定沒有顧慮風險。一旦週圍氣象發生緊急變化，真不知道她們如何應付，實在不能不令人焦慮。因為，凡是有經驗的人，或是有登山常識的人，無論是登多麼簡單的山，他們都會有萬全的計劃與裝備。企業經營的情形也一樣，無論多麼簡單的事情，也絕不能掉以輕心。俗語說「人無遠慮，必有近憂」，是很對的。

以前，當呼啦圈這種遊戲正在流行時，曾發生過這樣的一個例子。有一家 S 化學的大公司，由於呼啦圈的風氣而賺到不少錢，因為生產設備簡單而銷路很好。有一家生產硬質塑膠的 N 廠商，看到這種情形，竟也為之欲動。但玩呼啦圈只是一時的風氣，很快就會過時，長期性的需要是沒有的，而且創業利潤早已進入別人的口袋。但 N 公司總經理卻認為一定會有錢賺，於是增加設備生產呼啦圈。起初當然

生意興隆，然而這興隆卻是悲劇的開始。大量生產、推銷之餘，原料也大批大批買進，不斷的增產又增產。

不久，出乎 N 公司總經理意料，銷路忽然停頓下來了。不僅如此，退貨也如潮水般湧到。一時間，庫存品與原料便堆積如山，而且有部份貨款收都收不回來，遭到了整個崩潰的慘劇。所有的退貨品與庫存品都變成了廢料，資金的週轉也發生了困難，幾乎連重新經營舊業硬質塑膠製品都不可能。

這例子或許太過特殊。不過，無計劃經營之發生赤字倒閉的現象，依然是層出不窮。這就是現代的企業經營，必須根據情報調查，做好計劃的緣故了。釐訂計劃時所需注意的事項有：

⑴自何時起至何時止？

⑵從何處起至何處止？

⑶誰與誰？

⑷要做什麼與什麼？

⑸如何做？

⑹要做多少？

⑺怎樣實行？

最重要的事情是必須根據上列事項，從許多的方法中，釐訂最佳的計劃，尤其是最具實踐性之點，最為重要。

就以登山而言，假設決定去谷川嶽，如果你缺乏向它挑戰的勇氣，平常又缺乏訓練，且又無技術。如此沒有實力的人，縱使有再好的登山計劃，也會因為沒有實踐性而不可能登山，一切計劃也就失去意義。這如同把週轉資金移作設備投資的經營者一樣。明明知道把週轉資金固定起來，必然會危害到公司的資金週轉，卻仍然按照此計劃去做，其結果會變成怎樣呢？

以登山來說，那就是說他一定會出事，甚至斷送生命都不一定。若是企業經營，那就是要負債或是依賴他人的資本經營，甚至於要倒閉了。沒有計劃的經營固然不行，沒有實踐性的計劃，也一樣的要歸於失敗。

在這變幻莫測的時代裏，無論是長期計劃或是年計劃，所有的經營計劃都要經得起變化，並能適應變化。現代的最真實的事實，就是變化本身。所以，凡是進步的企業經營，必須勇敢地率先創造變化。

如此，我們必須不斷的使經營具備革新力，並加強其革新力。我們要有培養革新力的目標與計劃。至少現代的經營必須具備以下幾點：

⑴適應研究開發新製品、新商品、新服務等革新變化的能力。

⑵適應創造新生產技術、流通技術、服務技術等的革新變化的能力。

⑶對於尋求新原材料或需要之源泉，因而所發生的革新變化，也要有適應的能力。

⑷對於因開發新市場所發生之革新變化，也要有適應能力。

⑸對於因革新經營方法而發生的變化，也要有適應的能力。

上述的諸種能力，是我們所不能忽略的地方。

◎實施與管制

無論是登山或是經營，實際情況中，實施與管制都同樣重要。

理論上，實施與管制時常被分別討論。但實際上，實施與管制有極其密切的連帶關係，倘若非連系在一起也不可能產生效果。

實施一件重要的事情，就是要實現計劃，而管制就是一種檢查手

段。比如說，現在新設備之熱源，已經普遍地使用液體瓦斯，假如你想要使用電力、煤炭，或是油料等，那就不是好主意了。好比爬富士山，原本計劃從船津口上山，但部份隊員卻擅自由別的路徑上山，或是另坐一段汽車等等，這種背棄計劃的情形，就不是好現象了。

管制的重要性，就是因此而來的。一項計劃如果沒有檢查與控制，就不會實施得很好。當然，遭遇到緊急狀況時，也有不得不改變實行方法與體制的情形，這就要依照意外處理原則行事了。

計劃的負責人與實施的負責人，應由不同的人來分擔，這也是一項很重要的事。就經營體的系列組織與幕僚組織而言，他們都想把這一措施正確地納入組織編制之中。

在釐訂計劃時，需要負責實施的人參加。只是說，應該把計劃與實施的負責人，分別由不同的人負責而已。登山的隊伍也是一樣，負責計劃的人，最好不要擔任領隊，這樣效果也可能比較好。眾所週知，凡是好的醫生，絕不親自診斷自己家人的重症，他寧可另請高明診治，這是因為須要冷靜的頭腦之故。

登山或經營之所以要將計劃者與實施者分開，也是同樣的道理。其次，假如可能的話，讓計劃負責人掌管管制任務，可能是最好的了。有時讓實施負責人兼管管制也未嘗不可，不過，凡是大的組織，都是另由專人掌管管制的任務，此可視實際需要而定。

2 年度計劃前的準備

關於計劃為何必要，以及實行計劃化會有什麼優點，相信各位已有某種程度的理解。接著要說明的是，訂立具體計劃的方法。

計劃可說是達成目標或方針的具體手段與過程，為了使計劃更具實效性，就必須要有以下所敍述的必要條件。

◎經營方針和經營計劃不可抵觸

企業的基本計劃和個別的數項計劃之間，必須要有共同的統一方針。

例如，由一位銷售員的目標額來看銷售計劃中的目標銷售額，若是不增加銷售員便無法達成時，勞務計劃中便必須增加人員，否則在個別計劃間便會發生矛盾。像這種問題是基本計劃和個別計劃之間容易產生的衝突，但是並不代表計劃本身。

◎計劃具有彈性

計劃，是以對將來的某一特定預測為基礎而製作出來的。因此若是預測有 100%的準確性，就沒有任何問題了，但是事實上，根本不可能有那麼絕對的準確。所以即使在預測上只有細微的誤差，也需要足以對應的計劃來補救，事前準備數種備用方案，在預測的可能範圍內加以取捨。有些經營者一旦決定方針之後，便不顧一切往前衝刺，

到頭來卻是一敗塗地。

　　當然，在執行計劃時所作的努力，是非常重要的，但是仍然要針對事情，來作一番裁量。

◎不論由誰執行，都可往同一方向前進的計劃

　　這裏所指的意思，就是不依個人的能力、經驗差距，而對計劃的理解有所不同。

　　⑴內容必須平易、單純

　　在表現的方法上，或是內容的具體性上，都是非常重要的。

　　⑵只要付出相同的努力，不管是誰，都可以順利執行

　　除此之外，也要考慮個人能力、經驗的差異，使其有發揮獨自個性的餘地。這是因為若不預留發揮獨自個性的餘地，對於計劃的實現意識就會很薄弱，其至有不願執行之虞。

◎計劃必須有執行的可能

　　這項和上一項有很密切的關係，但是計劃並非桌上的空論一般不切實際。在檢討計劃的同時，也需考慮實現的可能性。

　　不能只是抱持著「想要這樣做，我想應該可以吧！」的這種希望的觀測。希望的觀測本身並非不好，只要對照現實的情況，檢討是否具有可能性，使員工能夠理解，訂立出有實現可能的計劃才是最重要的。

◎先要確立經營理念

要有計劃地執行企業的經營，清晰地意識到企業的目的，便成了刻不容緩的步驟。經營者的想法、經營理念，必須反映到企業的各個角落去。通常這便是以社訓，或是店訓的形式表現出來。而這並不需化為文字揭示在店內，不過可以藉由朝會的訓示，將經營者的想法徹底地傳達給員工，使全公司成為一體來展開經營。

關於「經營理念」目前尚未有統一的定義，但是和經營方針、企業目標同義的案例，卻也頗為常見。

在計劃當中，有長期的、短期的、也有綜合的、個別的內容。經營方針或經營目標是全體經營計劃的前提，在各個計劃中都應該確立各種方針或目標。

例如，銷售計劃應有銷售方針、銷售目標。經營理念便是以掌握這些包括所有項目，作為計劃前提的方針、目標的內容，來理解理念、方針、目標的含義。而將這些名詞作嚴密區分的，大多見於重視經營者與員工之間的意見溝通的大企業。也就是說，經營者並非所有人，而是指專門經營者、薪水階級經營者。意圖決定的許可權也有多條管道，一層層移讓給下屬時，即使是一個名詞，也須有明確的定義。但在中小企業，特別是中小零售店的情況下，與其重視用語的嚴密定義，倒不如將重點置於用語的理解上，使其能夠活用於經營方面。

3 制定經營計劃之步驟

◎步驟一、將問題點作明確的表示

　　如果某一工作場所無法自由發言，當然另當別論，在一般的工作場所裏，要指出問題點，並不是一件太難的事。最重要的就是找出問題點之後要設法改善。然而許多的企業，雖然能夠指出問題點，而問題點卻無法與改善的策略結合在一起。

　　要想解決問題點，首先必須具體地表示出問題點。以模糊的方式表示出問題點，與問題點相關的人士在一起交談，往往依然無法講求有效的對策。對問題點必須明確地指出來，而不能用抽象性的看法或抽象性的表達方法。

　　例如某企業開會時表示，生產力有降低的趨勢，僅止這樣大略地表示，與會的每一個人心裏所想的解釋是各不相同的。所謂生產力較低，指的是每人平均銷貨收入及每人平均附加價值嗎？指的是銷貨收入與經常利益較低嗎？即使較低，低到什麼程度呢？是與其他公司相比較的嗎？是與過去的水準相比較的嗎？這些都必須明確地表示出來。因此，不應當僅籠統地表示公司的生產力較低，應明確表示出來，是生產部門的較低，還是營業部門的較低，或者是間接部門的較低，甚至是某一事業所較低，必須明確地指出那一個單位生產力較低，因為對不同單位所採行的改善策略也是不相同的。具體表示出問題點的方法，有下列各種。

　　1. 應具體表示出了什麼問題？並讓相關人士有共同的解釋。

2.明確指出問題在那裏？不應只以全公司為單位，應部門別、事業所別、製品別，找出問題點。

3.什麼時候開始有問題的？從以前開始的嗎？是最近的事嗎？還是某一特定期間的事呢？

4.是什麼樣的程度呢？盡可能用金額或%等數字表示出來。

5.該問題是那些原因造成的呢？應當確實找出真正的原因。

表 1-3-1　提出問題點的 4W1H

提出問題點的 4W1H		
(1)	What	具體表示問題是什麼。
(2)	Where	個別表示出問題在那裏。
(3)	When	以期間表示問題從什麼時候開始發生。
(4)	How	用數字表示出是什麼程度的問題。
(5)	Why	明確地表示出問題的原因。

◎步驟二、找出原因並請求改善策略

在作現狀分析或檢討問題點時，非數字性的重要因素，當然也很重要，但是，絕不可忽略與數字有關的決算書或其他的管理資料。因為從數字資料，能夠瞭解銷貨收入的增加遲緩，利益率的降低，賬款回收不良等問題點的所在。

僅只強調要增加銷貨收入，提高利益率，改善帳款回收，是無法解決問題的。銷貨收入的停滯，利益率的降低，並不僅僅是由於從業人員努力不足所造成的，其背後隱藏著種種的原因。要正確掌握所有的原因是很困難的，因此，應盡可能找出主要的原因，並設法改善，否則僅只要求從業人員「要努力、要有耐性」是不夠的。對於現狀，收集了各種數字資料，如果不檢討造成優劣的原因，則不能稱之為現

狀分析。

　　問題點的產生，是一種結果，因此必須追究其原因，否則就無法請求適當的對策，加以因應處理。就帳款回收不良來說，僅只訂出「回收率要達到若干%」的目標，是不夠的。發現帳款回收不良時，應檢討下列原因。因為有這些不同的原因，而產生了帳款回收不良的結果，注意這些原因，才能夠談到如何改善，進而訂定改善計劃。

　　帳款回收不良的原因有以下幾點：

1. 過分把重點放在增加銷貨上，而對帳款的回收，未訂定明確的基準。

2. 對銷貨債權的管理資料，不夠完備，不能靈活運用。

3. 所銷售的產品，在品質與技術上都較低，而且沒有特色。

4. 過分把重點放在增加銷貨上，而未能嚴格挑選顧客。

5. 信用調查得不夠充分，因此擁有過多支付能力低的顧客。

6. 營業部門的人員，事務性工作過多，沒有餘暇去處理帳款的回收。

7. 經常對顧客延期交貨，因此無法順利回收帳款。

8. 不能按期交貨，而又接下緊急訂單，結果造成製造部門的混亂。

9. 營業部門與製造部門之間的協調不夠。

10. 營業部門負責人的管理能力太低。

◎步驟三、逐項細加檢討，依部門別而採行適當方法

　　作為一個學生，認真預習，認真復習以儘量增加自己的學識，是一件理所當然的事。可是這件理所當然的工作，並不是很容易做到，並不是每一個學生都努力預習、都努力復習。對於企業來說，情形也

是相同的。

日本有一個重建公司的名人，他的名字叫作大山梅雄。他談到公司重建的秘訣時這樣說：「把足以造成公司倒閉的原因，逐項細加檢討，採行適當方法，消除這些原因之後，不論在任何情形下，公司都能夠重建」。這些話聽起來是理所當然的，正因為這些理所當然的事情，企業未曾認真去實行，因此而產生了許多倒閉的企業。說起來很容易，但實行起來卻是很難。總之，理所當然的事情，必須以理所當然的態度去處理。

公司倒閉的原因，從不同的觀點檢討，可以說是種類繁多。大山梅雄，把倒閉的共同原因，歸納成下列四個項目：

1. 沒有主力銀行。

2. 公私混淆不清。

3. 沒有繼承者。公司內因派系而產生內部紛爭。

4. 工會的力量過於強大。

此外，從財務觀點上看，又可歸納成下列五個項目。這些項目經常相互影響，而造成資金週轉不良，結果使公司不得不倒閉。

1. 帳款回收的不良。

2. 盤存資產的過於龐大。

3. 固定資產的過於龐大。

4. 負債的過於龐大（自有資本的不足）。

5. 利益的不足。

上述五個項目中的前三項，都是資產的過於龐大。第一項帳款回收的不良，也就是銷貨債權的過於龐大。第二項是盤存資產過於龐大，第三項是固定資產過於龐大。這三個項目在一般企業的總資產中，所佔的比率很大。換算成金額，金額的數字如果太大，惡化之後

就會奪去企業的生命。

　　更重要的是五個倒閉原因會互相影響。例如，帳款回收不良時，相對的就會增加借款，增加應付票據，使負債增加，結果造成資金週轉不良。此外，許多公司倒閉的主要原因，都是支付的利息過重，壓迫了所獲得的利益。

　　倒閉之後，就結束了，但是在倒閉之前，應儘早發現不良的徵候，並尋求改善措施。

　　當然有人認為，如果容易改善的話，就不必辛苦了。的確，如果害怕辛苦不設法改善，那麼倒閉是無可避免的。

4 沒有方針就沒有年度計劃

◎方針與計劃的關係

　　計劃並不能概括一切。計劃是根據方針而來的，是為達成方針的一種具體的實踐用的計劃。

　　縱使再好的方針，假使不以計劃配合的話，終究會變成一種空洞的口號。這就是計劃與方針之不可分，以及計劃之困難與重要的地方。計劃與方針的關係，簡單地整理起來的，就如圖 1-4-1。

　　實務家有責任去理解這種關係，並不斷的推進綜合性的計劃。這是根據方針所作的計劃，作好了計劃就必須研究如何付之實施。我們都很瞭解 Plan（計劃）→Organization（組織）→Coordination（調整）→Motivation（刺激）→Control（管制）→Plan（計劃）的經營循環

性。這是現代經營極為平常的知識。我們不能忘記,實務家必須經由實踐而加以學習起來。

圖 1-4-1　計劃與方針的關係

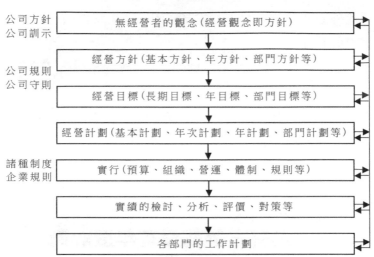

◎明確公佈經營方針

經營者所負的一項重大責任是,確立經營方針,徹底公示通知,然後給予目標,加以計劃化、組織化,並付諸實行、檢查、評價。以圖表表示即是圖 1-4-2。

那麼,經營者所必須明確公示的方針是什麼呢?那就是:

· 經營的基本方針　　· 製品政策的利益方針

· 價格政策　　· 推銷方針　　· 信用政策

· 流通政策　　· 財政政策　　· 生產方針

· 資本政策　　· 人事方針　　· 勞務政策

・教育方針　　　・成本方針

圖 1-4-2　經營活動的內容

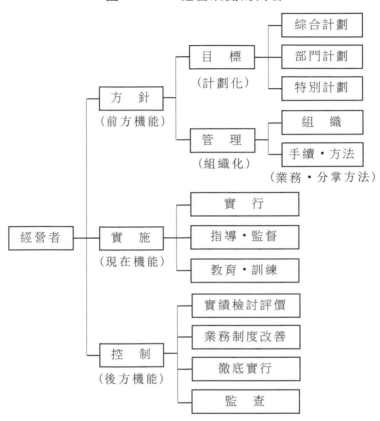

◎具體的部門方針

大體上即是如此,其中心重點在於綜括經營者處理經營思想之基本方針,以及利益方針與製品政策。再從另一觀點,即從人、物、資金等因素看來,則為:

(一)關於人的方針

若說「我們要實施尊重人格的經營」，或說「事業決定於人的因素。因此，我們公司要努力培養人才」。這種話，等於是空口說白話。因此，我們必須具體而明確地說「本年的員工薪資方針，是要提高×× %(或是××元)」，或說「全體員工數目以××名計算，依照年計劃所達成的業績，將在年中，從一般員工中擢升×名為管理人員」等。有關人方面的主要方針事項有：

1. 幹部的數目、報酬、任免的方針。
2. 有關許可權與責任的方針。
3. 有關賞罰之標準的方針。
4. 明白表示有何求之於員工的方針。
5. 有關員工之薪資、錄用、擢升、退休、人事等之方針。
6. 有關各種制度、組織、管理之方針。
7. 有關福利、保健、教育、訓練之方針。
8. 表明對經營者之經營的態度。
9. 有關全公司的主要例行事項的方針。

(二)關於物的方針

這類方針的最重要事項是，有關自己公司所經營的商品、製品、服務等的政策。秘訣是要簡明地推出「A製品的年銷售額必須達至××億元，B製品決定於年內廢止，A製品須於邊際利益率平均 48%的前提下制訂銷售計劃」的具體方針。

總之，任何經營體都須依賴其所經營的商品、製品以及服務，然後才能收穫利益，其發展也只有經由製品、商品，而後才有發展。因此，現代經營體只有傾力經營本身的商品、製品與服務之後，才能繼

續生存下去。若說人是運用物資與金錢，使之產生價值的一種存在，那麼，物資就是金錢的變體，金錢就是衡量物資價值的尺度。總之，有關物資的主要方針，就是製品的方針。

有關物資的方針，就是：

1. 有關銷售的方針

⑴明確公示製品政策

⑵有關製品的銷售價格的方針

⑶製品之利益方針

⑷銷售費用之方針

⑸銷售方法之方針

⑹銷售促進法之方針

⑺銷售組織的方針

⑻銷售量、銷售金額之方針，以及收帳方針

⑼市場調查以及佔有率的方針

⑽公共關係政策的方針

⑾有關處理退貨與糾紛的方針

⑿有關生產品之生產方法，或是外製品、採購品的外制方法、採購方法等的方針

⒀有關銷售之關係事項，以及其調整之方針。

2. 有關製造的方針

⑴生產品種之方針

⑵生產方法之方針

⑶有關品質的方針

⑷有關成本的方針

⑸有關銷售與生產的關係事項的方針

⑹材料的調度方針

⑺生產能力（機械、人、外制）與年中之生產量、生產金額的方針

⑻設備的方針（包括保養與投資）

⑼技術的方針

⑽研究開發的方針

⑾庫存的方針

⑿提高生產性的方針

⒀有關損失的政策之方針

⒁有關損害賠償之處理的方針

⒂廠外訂制的方針

⒃作業的方針

⒄管理的方針

(三)關於財務的方針

⑴總資本純益率與銷售額純益率以及總資本週轉率等利益率之方針。

⑵利益額及其處理計劃之目標的方針。

⑶是採取利益分配製的，那就是有關其目標的方針。

⑷若是採取附加價值政策的，就是工資、工資分配率、附加價值額之方針。

⑸綜合損益的方針（以利益方針為主體）。

⑹運用資產的方針（資本政策）。

⑺金融政策。

⑻信用的方針。

⑼特別方針（設備投資、研究開發費、廣告宣傳費、教育費等等

的方針）。

　　⑽整頓情報體制的文革。

　　⑾運用資金的方針。

5 各部門計劃項目的內容

◎計劃項目的概要

　　必須計劃的項目，須依自己公司的實際情形決定，所以各種項目往往千差萬別。同時因為企業的地理條件、經營規模、經營品目、經營形態等之不同，各種項目也有很大的不同。

　　各項目因企業的特性也有所不同。不過，一般來說，大致可以列出下述的諸種項目。

　　1. 目標＝(基本目標、部門目標等)

　　2. 綜合計劃＝1：利益計劃

　　　　　　　　　2：損益計劃

　　　　　　　　　3：資金計劃

　　　　　　　　　4：資產、資本計劃

　　3. 部門計劃＝1：推銷計劃(銷售計劃、銷售費計劃、銷售促進計劃、廣告言傳計劃)

　　　　　　　　　2：財務計劃(各部門別的損益計劃、資金計劃等)

　　　　　　　　　3：生產計劃(生產額計劃、製品計劃、製造成本計劃、提高生產力計劃、設備計劃、採購計劃

等）

4：勞務計劃（公司例行事項計劃、人員計劃、工
資計劃、組織計劃、福利保健計劃，教育訓練
計劃）

5：電腦化計劃

6：研究開發計劃

4.特別計劃＝（研究開發計劃、合併系列計劃、廣告宣傳計劃等）

◎計劃項目的應有內容

計劃項目是具體地表示企業目標的一種尺度，一種方法。主要是
要用數量的或是質量的方面，明確地將年活動的目標、方法、時期等
表示出來。

至於計劃項目所應記載的內容，在形態上，可分為數量性的與非
數量性的兩類。所謂數量性的，就是計數性的計劃；所謂非數量性的，
就是非計數性的計劃。拿一個比喻來說，例如銷售計劃或是損益計
劃，即是屬於前者的，而教育計劃或是例行事項的計劃，就是屬於後
者的了。其全盤性的內容，有：所經營的商品、製品、服務等，應如
何經營？此等經營對象應以什麼路徑，向那一方面流通？應該經營多
少？利潤（創出附加價值與創出利益）須取多少（最適當經營規模）？
要以什麼形態運用銷售力、生產力、資金力、人的能力？這些內容，
凡能夠計數化，即加以計數，將之計數化，凡不能計數的，即以淺易
的文字寫出來，納入各計劃項目之中。

6 為制定目標的經營分析法

　　經營分析是制定目標的重要武器，是制定目標的基礎，同時也是達成目標的重要工具。

　　在現代的經營中，假使目標是計數管理的上層建築的話，那麼，預算統制或是成本管理就是計數管理的支柱了，而經營分析就是它的地基。

　　在今天這種激烈的競爭情況下，若要永遠保持安定的經營，除非有精密的計數管理不可。沒有正確的經營分析而推出經營目標，那是一種非常危險的冒險行為。在這種情況下，惟有確實把握經營狀態與經營的各種能力，加以經營分析，而後制定可以確保更多利益的經營目標，才是百試不爽的正確途徑。

　　實務家所應負的任務是，如何使經營分析的結果，貢獻於今後的經營。

　　若是開銷高額成本，把事務體系改變為計數體系，或是實施機械化以進行經濟分析，若最後僅以「果然是很好的經營分析」了結，那就沒有任何意義了。

　　經營分析是衡量經營者的思想、方針、目標或計劃等，及究竟實現了多少的一種尺度，而且是向新的變化挑戰，制定新目標時的尺度。所以，我們必須從多方面加以應用。

　　經營分析不是管理者或是好事者的消遣品，當然更不是學者或是經營顧問的魔術道具。

表 1-6-1　經營部門的檢核重點

利潤之判斷	總資本利益率 自有資本純利益率 經營資本純利益率 經營資本週轉率 銷售額營業利益率 費用效率 銷售額純利益率
生產力之判斷	勞動生產力：勞動者一人份的純利益 　　　　　　　勞動者一人份的生產額 　　　　　　　勞動者一人份的生產量 　　　　　　　勞動者一人份的加工額 　　　　　　　勞動者一人份的機械裝備率 　　　　　　　勞動者一人份附加價值額 原單位：原料原單位 　　　　工時原單位 　　　　經費原單位 成本率 直接費與間接費之構成 成本構成比率 原材料步留率 附加價值率與附加價值構成
合算性之檢討	固定費比率 變動費比率 邊際利益率 損益平衡點

表 1-6-2　生產部門的檢核重點

資材管理	資材的儲存量之適當與否 資材之耗損狀況是否合理	材料循環率 材料儲存量對流動資產比率與庫存期間 材料盤存耗損率
作業管理	作業效率之適應	勞動者一人份的生產量 勞動者一人份的生產額 機械一台份的生產額 機械一台份的生產量 工廠一坪份的生產額 工廠一坪份的生產量
工程管理	作業狀態之判斷	機械運轉時間率 設備搬運操作率與預定差異之分析
製品管理	製品檢查的準確性 製品保管效率適當與否 製品儲存量之判斷	檢查不合格或廢品與完成品的比率 製品盤存耗損率 製品循環率 製品廢存量對流動資產比率
設備管理	生產設備利用效率之判斷	設備資產循環率 設備資產折舊率 設備操作率 設備故障率與運轉率
	對作業機械化之判斷	折舊費對人工費比率［機械化促致之成本減低額－（借款利息＋折舊費)]對勞務費節約額

續表

設備管理	工具整理狀況適當與否	工具盤存耗損率
		工具循環率
		工具折舊率
成本管理	自成本對生產效率的判斷	管理可能費與不可能費之區分
		固定費與變動費之分析
		各種原材料費對製造成本的比率
		各種勞務費對製造成本的比率
		各種製造經費對製造成本的比率
		各製造部門費對製造成本的比率
		製造成本之構成
製品及原材料管理	儲存量是否適當？	經濟儲存量與實際儲存量的對比
	購入量是否適當？	經濟購入量與實際購入量的對比
	購入時期是否適當？	最低標準儲存量與實際儲存量對比
	購買效率	過與不足的比率
		耗減率
		破損率
承包管理	承包之是否適當	自己生產與訂購自承包者之成本比率及繳期與品質
		自己生產與訂購自承包者之不良品比率之比較

表 1-6-3　銷售部門的檢核重點

商品別之推銷效率	商品別的銷售額對總利益率
	商品別的銷售額對純益率
	商品別的銷售商品平均儲存量（商品循環率）
	構成比率（ABC 分析等）
銷售部門別之推銷	銷售部門別的銷售額
	銷售部門別的銷售額對總利益率
	銷售部門別的銷售額對純益率
推銷員別之推銷效率	推銷員一人份的銷售額
	推銷員一人份的銷售量
	銷售場一坪份的銷售額
	銷售場一坪份的銷售量
	陳列台一坪份的銷售額
	陳列台一坪份的銷售量
推銷員效率	各種銷售費與銷售額之比較
	營業比率
	銷售額對人工費比率
	銷售額對廣告費的比率
	銷售促進費對銷售額的比率
銷售之損失	退貨額對總銷售額的比率
	折扣額對總銷售額的比率

表 1-6-4　財務部門之檢核重點

資產管理	固定資產過大投資是否適當？	固定資產在資產構成中所占比例
		對勞工一人份之固定資產額（勞動裝備力）
		固定資產週轉率
		固定資產利用率
		固定資產相互間的協調
	盤存資產過大投資是否適當？	盤存資產實際庫存與標準存量的比率
		盤存資產在資產構成中的比例
		盤存資產循環率
		各種盤存資產相互間的協調
	應收帳款與所收票據等狀況	各債權的年齡調查
		貨款回收率
		貨款週轉率
	支付能力	流通比率
		固定負債比率
資本與負債管理	借款是否過多	借款對總資本的百分比
		借款之利息與利益的比率
		流動負債之構成與流動資產的比率
	資本額是否妥當的判斷	自有資本利益
		自有資本對總資本的比率
		固定資產對自有資本的比率及分紅能力與資本公積
	總資本金額是否妥當的判斷	總資本利益率
		自有資本對總資本的比率
損益管理		損益的構成
		商品循環率
		銷售額成本率
		各種資本利益率
處分利益管理		公司內公債的對比
		利益處分額

表 1-6-5　人事勞務部門之檢核重點

僱用及勞務條件管理	勞動量是否適當	必要勞動量與實際勞動量的比率
	勞動質量適當與否	出勤率
		僱用增減率
		就職率
		離職率
		定著率
		訴願率調查，提案率
	工資額是否妥當	薪資標準，勞務費分配率，人事考核，最低工資額，職務獎金，最低生計費
	工資制度	生產額對勞務費的比率
		銷售額對勞務費的比率
	福利保健管理	設施之利用次數
		每一人份之保健費：
		·　生產額對福利保健費
		·　銷售額對福利保健費
		·　勞務費對福利保健費

1. 資金運用分析

研究金錢如何收來如何用去，即是將它分解為資金的調度與資產的運用，加以研究。其所製成的表格，就是資金運用表。

2. 連續損益計算書

如同 B/S 一樣，現在就開始敍述過去三年間的 P/L。

可以看出營業利益、毛利益、純利益等三種利益的傾向，而推出正確的目標。然後把握這三種利益根本的三項成本——銷售成本、管理推銷費成本、營業外成本，制定出成本目標，若是製造業者要瞭解佔據銷售成本之大部份製造成本時，需製作「連續製造成本報告書」，

以分析製造成本。成本與利益的關係是相對的，成本小的時候，利益即可顯得大。相反的，成本大的時候，利益就要變得小了。

此外，還有種種的成本解析，如：邊際利益分析、損益平衡點分析，變動費固定費分析、管理可能費與管理不可能費分析、以及原單位成本解析等。

但僅僅連續進行 B/S 或 P/L 分析，仍舊無法把握綜合性的經營狀態。因此，必須與 B/S、P/L，以及員工數字等其他因素同時作綜合分析才可以。

制定成長性的目標時，應該使「從業員數增加率＝總資本增加率＜固定資產增加率＜自有資本增加率＜銷售額增加率＜附加價值增加率＜純利益增加率」。若要奠定平衡的成長，必需要有這樣的目標。最重要的事情是，成長與膨脹是不同的。從表面上觀看，膨脹很像成長，但實質上卻是完全不同的兩回事。對於這一點，我們必須有明確的認識，否則經營就會失去均衡。

當要制定目標時，必須先要有符合公司現狀的努力目標。

心得欄 _____

----

7 各部門工作計劃的實施手續

◎明示基本計劃的重點項目

基本計劃中所欲達到的基本目標，其所表現的方式大多稍顯抽象，例如「銷售額達到五億元」、「五年內開設十家分店」等等的表現手法。我們必須從基本目標值中設定銷售額、利益率、員工人數、商品結構等，並且考慮這些項目當中，何者為主要重點，並明示出包括優先順位的重點項目。

例如目標值中，有許多希望達到的數值，但是不可能所有數值都能夠如期達成。因此，為了要達成銷售額的目標，該將重點擺於何處；藉由改變商品結構，增加兩倍主力商品的數目；或是增加五位人手傾力於外部銷售，此時必須清楚指示出有重點所在的項目。

◎於基本計劃中加入年實施目標

方針、目標和手段之間，有相當密切的關連。而從實施計劃來看，基本計劃也可由目標來掌握。此時若想以目標使基本計劃更容易設定的話，在每年初期時，就應該設定該達到什麼程度的目標，如此將會更容易實行。

例如每年初的銷售額是 3500 萬元，同樣，實施計劃是包括銷售計劃、採購計劃、財務計劃這些部門的個別計劃在內。所以在訂立實施計劃時，除了設定銷售目標外，也需設定其他部門的目標。特別是

中小企業，其基本計劃和實施計劃是相當近似的。

也就是說，中小企業的經營者，除了是公司的負責人之外，也常兼任計劃立案者和實施責任者的身分，所以盡可能在實施計劃上加入年目標或實施目標，這樣實行起來將會更為順利。

特別是年目標，無論如何也要使年初期的目標具體化。若是在年初期便出師不利，往後很可能會演變成毫無意義的結果。

◎安排實施的負責人

不論何種組織，如果責任的劃分不明確，經常會導致不良的結果。基本計劃的前提，就是必須決定出誰是具體實行計劃的負責人。中小型零售店的員工較少，所以常見一個人兼任其他多項任務的情形，但是如果有銷售負責人、採購負責人、經理負責人時，就必須具體確認該由誰來負責那項計劃。

◎實施計劃盡可能時間表化

負責人決定之後，就要以基本計劃，或是基本計劃中所欲完成的目標為本，盡可能趁早製作成實施計劃。並且在實施計劃中，清楚標示日期，使整份計劃呈現時間表化的形式。財務部門的預算負責人若是未能完成統計數字，人員計劃也就無法具體化。而什麼計劃必須事先完成，在什麼時日之前完成等，有關先後次序及時間的安排，只好仰賴訂立一張時間表化的實施計劃。

依照實施計劃的優先順序和時間所訂立的計劃，往往容易形成失誤，所以必須充分注意。

◎實施前所作的調整

為了避免所完成的計劃無法製作成個別計劃，負責人必須把積極的溝通、合作與深入理解作為謀求的重點。因此應對的方法，就是必須分別告知個別計劃的負責人，對於其計劃的明確責任，以及賦予實際實行的許可權。同時也不可忽視個人感情。為了能夠有效地向前推動計劃，必須針對整體企業的發展，和個人心態的調整作一番說明，使其能夠更深入一層理解。

8 瞭解部門計劃的任務

◎理解「經營計劃」的制定方法

部門計劃包含在企業整體計劃（經營計劃）之中，若想正確理解部門計劃的制訂方法或任務，必須先對「經營計劃」有正確的認識，因為所謂企業的整體計劃（經營計劃）中規定著部門管理者擔負的任務。

今日多變的時代中，經營計劃對企業更加重要。經營計劃是經營者為預測企業週邊環境變化、或企業本身進行計劃性變革所制訂的一系列方案，是經營者的經營理念和基本戰略的具體展現，對企業而言，正如汪洋中指引航向的羅盤。

經營戰略與經營計劃有些許差異：經營戰略是指示「要攀登那座山」，經營計劃則進一步揭示「登山的方法」。

當經營戰略藉由經營計劃，以具體形態表達出來時，可以產生以下效果：

1.更為具體，使全體員工對企業的前進方向更加瞭解，容易凝聚共識。

2.使全體員工對自己份內的工作、創意方式或努力目標有更明確的認識。

3.有助於團結全體人員，進而革新經營體質或事業結構。

以上三點，是經營計劃的效果，也是制訂經營計劃的目的。

如下圖 1-8-1，經營計劃是由經營理念、經營目標→中長期計劃→年計劃開始，由企業整體計劃及各部門計劃構成。其中最重要的是中長期計劃，它的基礎是由經營理念、經營目標所構成，而以中長期企業經營結構的變革為內容，具有戰略性計劃的屬性。年計劃則是中長期計劃的年別實施計劃中，為達成本期業績目標所必要的戰術性計劃。

要制訂經營計劃，必須先確認企業經營理念與經營目標，由上圖可以瞭解經營計劃的完整流程，以及部門計劃所處的位置。

圖 1-8-1　經營計劃制訂流程

①要把經營的原點(經營理念、經營目標)明確化。

⇩

②確立對長期的展望（具體化的設計）。

⇩

③根據對現狀的認識與分析，檢討應對經營環境的基本方針與重點
方案。

⇩

④制訂全企業的中長期計劃。

⇩

⑤制訂全企業的年方針和年計劃。
　a.現狀分析(包含前一年的檢討與心得)。
　b.年經營方針與重點策略。
　c.年數值目標(利益計劃等)。
　d.達成重點策略所需的行動方案(組織體系、管理方法、制程計劃
　　等)。

⇩

⑥制訂部門的年方針及年計劃。

⇩

⑦執行計劃並進行評估。

⇩

⑧按照實際績效修正計劃。

◎認識中長期計劃的結構和制訂方法

　　中長期計劃是由中長期利益計劃和部門別結構計劃所構成的。在制訂中長期計劃前，需要先瞭解企業的經營理念、經營目標、外部環境動向，以及本企業的能力等四點。

1. 確認企業的經營理念

「經營理念」乃指企業成立的目的，以及將來希望達成的理想，說明了企業的基本政策以及經營者的基本任務。經營理念形成了企業的經營方針，也成為全體成員的行動指標，是企業的精神所在。

2. 要把企業的經營目標明確化

「經營目標」就是企業想要達成的目標，而這些目標多數可用數字來表示。在經營計劃中，通常以具體的營業額、利潤、市場佔有率等來表達目標。

3. 外部環境分析

「外部環境」是指企業所處環境的動向，又可分為總體與個體環境。在制訂經營計劃時，企業必須能夠掌握總體環境的變動，包括經濟、政治、社會、資源、技術等方面的變化。

個體環境則包括預測本企業及業界產品的需求動向，國內外競爭者動向，以及這些因素在數年內將如何變動。

企業也稱為環境適應業，若不能適應環境將無法生存，所以如何預測並應對總體環境的變化，就是經營計劃的重點。以下列出環境變化對企業經營的影響：

⑴正面的影響在於創造新的事業機會。

⑵負面的影響即是阻礙既存事業的成長。

環境的影響多以上述兩方面來分析。

4. 掌握企業本身的能力

所謂「企業能力」，指的是企業在營運能力、業務能力、研究開發能力、生產技術、人才，組織人事、資金財務能力等的經營資源，和其他競爭企業所做的比較評估，其中也包含企業業績分析，以及企業本身的優、缺點分析。

綜合以上各點，考量持續目前的狀態，在 3～5 年後，企業的經營狀況會有何不同？同時檢討是否有開展新事業的能力或餘地？如何回避過程中將產生的威脅？另一方面，還要從中發掘成長機會，依此構想去實現經營理念及經營目標等企業的重點戰略課題。

5.制訂中長期計劃時部門管理者應做的事

中長期計劃是企業經營結構中長期變革的戰略計劃。所謂經營結構是指為了要實行經營活動所需的基本架構，具體而言，包括產品、市場結構、組織結構、設備結構、人力結構以及財務結構等。

戰略課題則是以這些經營結構的變革為基礎，進行部門別的檢討而產生。

例如：由於預測市場將擴大，A 部門為了新產品投入必要的技術人員、強化或擴展銷售管道等，這些便成為 A 部門的重點課題；在 B 部門，雖然市場擴大，但預測競爭將趨於激烈，材料費、製造費等成本的降低便成為其重點課題；在 C 部門，欲降低損益兩平點，則生產機種的選擇或生產重點集中化便成為 C 部門的重點課題。

而這種部門別結構計劃的檢討，是部門管理者的重要工作，部門管理者必須具備打破現狀的強大戰略性思考力。

經營者對各部門管理者所提出的結構變革計劃，須以企業整體的利益計劃為立場，決定戰略課題的優先順序，將經營資源做重點且有效的分配。

企業的人才、資金等經營資源總是有限的，不容易完全滿足各部門的需求，所以在分配經營資源時，須以產出效果最大、對全企業的成長及利益最有貢獻等立場，重點且有效的運用，以決定未來企業將進入之事業領域的基本方針、替代性戰略計劃，以及行動計劃（何事、在何時前、由何人執行）。

部門結構變革計劃屬於中長期計劃，部門管理者需要有敏銳的戰略性思考力，且要能主動利用商機，不應只是被動地因應。

◎如何對應中長期計劃而展開年度計劃

中長期計劃並非一成不變，必須因應時刻變化的外部環境，還要考量重點戰略課題的進度狀況。所以通常是每年要做年檢討，再以「Rolling Plan 方式」修正往後 3～5 年的計劃。

年計劃是中長期計劃中所提出的經營目標，在年內具體實現所必要的實行計劃，一般是和企業的會計期間，亦即和決算期間一致。

年計劃的本質及內容，是按照組織或功能單位的部門計劃，全企業的綜合計劃和業務實行目標、利益目標統合編制而成，所以和預算編制有密不可分的關係。

確立年方針，是制訂年計劃的前提，年方針、與中長期計劃中的基本經營方針、長期經營方針之間，乃連動制訂而成。

基本經營方針（經營理念），簡潔歸納出企業應該前進的方向或使命感；長期經營方針則顯示有關產品、商品的方針、或關於市場或行銷的方針等事業性部份的理念。

年方針是按照基本方針、長期方針，為增加本期的收益，而做的重點取向配置，如圖 1-8-2 所示，會再次展開各部門責任的部門方針。

年計劃是以年方針為基礎所制訂，它是由全企業的綜合計劃（包含短期利益計劃）和部門計劃（為解決各部門的課題所必要的年計劃，如銷售計劃、生產計劃等）所構成的。

圖 1-8-2　從「基本經營方針」到「部門方針」的流程

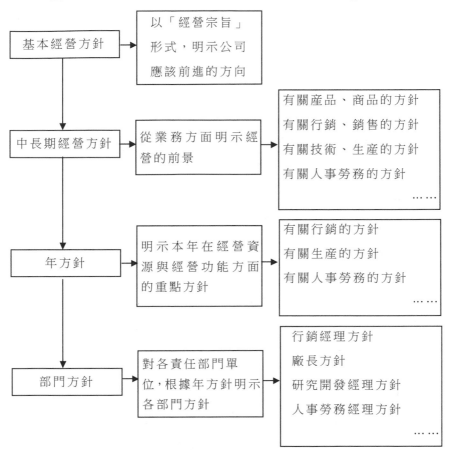

　　部門計劃中，也要研討課、股等單位的行動計劃與小組活動、目標管理、自己申報制度等的互動關係，重點在於提高全員參與的意識。此外，年計劃需依照數字化的預算制度，在每月決算時，依照年計劃內的預算實績差異分析做檢討，以構成一個能夠即時應對的系統。

　　一般的中小企業，通常只制訂年計劃，忽略了中長期計劃的重要

性，在內外部環境激變的現在，沒有中長期的經營方針或展望，僅以短期的年計劃去追求眼前的利益或目標，便難以適應中長期性的經濟結構變化。

所以，制訂短期計劃時，必須根據中長期計劃，使年計劃能與中長期計劃的戰略目標做有機性的結合。

◎掌握今日經營計劃不可或缺的要則

企業的經營目標，是以經濟的高度成長為前提的，追求營業額的擴大、重視市場佔有率，而經營計劃多以如何達成營業額成長目標為內容。但現今國內經濟已進入成熟階段的大轉型期，經濟成長速度已減緩。

企業經營需順應時勢，以成熟化經濟為前提，以因應結構轉型迅速的經濟。企業迫切需要檢討在高成長經濟時代過度膨脹的組織、人事、設備等的企業體質，將之做為結構性的轉型。

企業轉型需求日益受到確認與注意後，經營計劃逐漸受到重視與討論，並歸納出與經營計劃有直接關係的三項要點。這三項要點，也是制訂未來經營計劃時的要則。

1. 制訂計劃不可或缺的三項要則

要則 1：重視經營戰略，而不僅看重數值目標。

過去的經營計劃是為了擴大營業額，在將來，則是重視市場佔有率以及在 3～5 年後應達成的銷售目標。在經濟成熟期，企業要把目標放在如何創造與其他企業的差異化上，並突顯本企業的優勢，依此去構建新戰略。

要則 2：由過去重視成長、偏重攻擊的計劃型式，轉變為確保收

益的攻勢及防守，以及重視企業的改造。

　　過去的經營計劃，是用新事業的建立去彌補中期目標的不足，是以經營資源擴散型的攻擊型計劃為中心。這次因經濟成熟所引起的轉變，正是企業將經營資源再度整合的契機，趁這個機會，檢討企業的理念，及依理念所引申的事業方向，去討論要用什麼觀點，將經營資源投入那方面的計劃中。

　　要則 3：過去的經營計劃是用 Top→down 方式，由經營者或少數經營規劃室中的人員制訂，但這次是綜合構成組織的部課長等中堅幹部們的意見，以具體的型式制訂的，目的是為了激發中堅幹部的意識改革。

　　經營計劃的最終目的是制訂經營戰略，構成組織的中堅幹部因參與戰略計劃的制訂而理解戰略，這種方式日益受到重視。

2. 制訂部門計劃成為重要的著眼點

　　要則 1、2、3 是未來部門計劃受到重視的三項重要因素，這三項要則在制訂部門計劃時，也是重要的著眼點。同時，也要對當前國內經濟結構的變化有所認識，要體認，傳統降低成本大量行銷的時代，已改變為只要產品好，即使較昂貴也能賣得出去，也就是個性化商品的時代已然到來。

第 二 章

各部門年度計劃工作的流程

1 首先要正確掌握過去的績效

在掌握了編列預算的基礎知識之後，終於要進行編列次年預算的作業了。首先，在制定預算時，必須正確分析過去的實績與趨勢。若能確實抓出上年、上上年獲得多少利潤，就可預測出明年獲利多少。只要制定出的年預算得以實現，應該就不會成了空談的數字。

掌握過去實績和趨勢的大致流程如下：

1.首先要更換損益表的科目

由於預算是以預估的收益和費用為基礎，並以建立利益目標為目的，因此，在形式上應與對外發表的損益表相同。事實卻並非如此，它畢竟是內部數據，所以部份的科目名稱會有所更動。

2.準備三年份的損益表

制定預算時，通常會參考過去三年的實績。請準備前年、去年和今年這三年份的損益表。

3.連續損益表的製作

備妥了三年份的損益表之後，接著就要以此損益表為基礎製作三年份的連續損益表。這是以前年為基準年，觀察過去三年的趨勢，僅使用經常損益部份。

4.成長性的檢討

連續損益表完成之後，接著就開始多方面檢討如何設定明年的數值。最初是利用營業額、銷貨毛利、銷售管理費等成長率的指標，針對成長性進行綜合性的檢討。

5.收益性和成本的檢討

接著要從連續損益表項目之中，挑選出重要度較高者來檢討收益性和成本。也就是針對銷貨成本、變動成本、人事費、銷售管理費等費用與營業額之間的對比進行檢討。

6.損益平衡點的檢討

針對有多少營業額才會產生利潤這一點，藉由損益平衡點來進行檢討，並且也計算出總營業額和總費用之間的關係。

7.銷售效率的檢討

從連續損益表中挑選出 9 個項目，針對銷售上的效率進行檢討，主要是以每一員工的數值為指標。

8.各部門數字的檢討

在此之前的檢討都是針對公司全體趨勢進行的檢討。接下來，則是要落實到各部門來檢討。檢討各部門與各產品別營業額和毛利，並藉此分析各部門的跡象和趨勢。

2 沒有目標就會斷送前程

對航行在大海上的人們說來，天上亮晶晶的星星，是航行最重要的目標，同樣的，對於我們忙碌的人生來說，為了要有效地處理日常問題與經營實務，也絕對需要有如此重要的目標。

因此，這裏必須重新認識目標的重要性了。對於企業經營來說，惟有確定明確的目標之後，才能有進步與發展可言。

◎沒有目標就會斷送前程

最近，最受人們注意的問題，是運用目標的經營方法。二十多年來，有聲有色地引進的美國式經營管理，如今已處處出現應反省的地方了。其之所以需要反省檢討，是在於太過偏執各種管理技術。管理技術的根本是經營的目標，如果不設定目標而想發揮管理技術的效果，當然是捨本逐末的事。

當前首要問題是：如何應付不景氣？如何降低成本？如何提高利益？如何安定經營與發展經營？在本公司立場上，該採取何種具體的、實用的策略等。但無論是什麼策略，在今後的時代潮流裏，沒有目標的經營，就只有死路一條。再說，沒有目標也不可能降低成本，或增加銷售、提高利益。假如想發展利益本位的經營、安定成長的經營、科學的經營，那麼，請制定明確的目標吧。再者，經營計劃是實現目標的主要工具，必須靈活運用它。

◎目標與颱風預報不同

實際策劃經營目標與計劃時，我們常發現有許多人竟把預測與觀測誤作目標或計劃，而將兩者混為一談。殊不知經營的目標，絕不是颱風預報之類的東西。

當然，對經濟、勞工、金融、商品與市場狀況的廣泛預測，是制定目標或計劃的重要參考數據。但是，預測終歸預測，預測絕不能當作目標，更不能算是計劃，這一點，料想大家都很瞭解。只是，一旦接觸到實際問題時，所謂的目標，都被以預測了結。而計劃也都變成主觀上的觀測了。因此，預測雖然是很重要的一種數據搜集工作，但制訂目標與計劃時，最重要的卻是在這一情報下如何決定自己的對策。

颱風預報是只要消息可靠，就據以採取適當對策的一種情報，而情報與對策兩者均無目標可言。因此，經營目標與颱風預報不同。

◎年計劃是目標經營的重要武器

毫無疑義的，年的經營計劃，就是實現經營目標的唯一武器，同時也是具體的目標實施計劃。人在未死之前，自然誰也不可能有週密的人生計劃，誰也不能預定自己將於何年何時撒手塵寰。但是，正是因為來日是未知的世界，來日的道路是未知的行程，我們更需要有明確的人生目標，引領我們正確的生活下去。

經營企業的情形也與人生一樣。誰也不能絕對的確定將來某一年可以成長多少，從業員的薪資會增加多少，收益又是多少等等。但是，

也惟其如此，所以我們就更需要確立目標與計劃，並為目標與計劃而努力奮鬥。

若有人說：「將來的事情誰也無法預知，只能聽其自然算了。」這種無目標的經營，無異是盲人摸象，必然會斷送企業前途，所以必須明白確定經營的目標，並為達成這目標而努力奮鬥。

我們必須在制定目標之後，每年依照目標釐訂實施計劃遵循推行。惟有如此而後，經營才能合理化，才有光明的前途。

◎充分檢討目標

某一家公司在制定年經營計劃時，曾經發生過這樣的事情。經過一番對比、研討，公司負責制定經營計劃的管理層把目標定為要比去年提高 20%的銷售量增加率，但該公司的總經理卻極力強調說：「還是定 30%的好，去年較前年已有 32%的實績，所以是 30%並不為過。」

本來這 20%，是企劃負責人根據營業部門的實況以及商品別的日用雜貨統計所計算出來的。對總經理的意見，營業部經理也毫不猶豫的說：「不，總經理，今年還是 20%好。我們定得太高了，推銷方面恐怕跟不上來。」接著是企劃課長發言，他也附和營業部經理說：「這20%的數字，是大家根據本公司所經營的商品與政府的日用雜貨品統計，正確地預測而來的數字。因此，貿然決定 30%，恐怕太過分了。」但是，總經理還是堅決希望以 30%為大家的努力目標，而營業部經理也繼續反對。如此的為 20%與 30%的問題，大家整整討論了三個小時而不得結果。

於是，指導人就根據各種調查資料發表他的意見：「各位的高見都只有一面之詞，對於 20%之最低目標與 30%之努力目標，會計部經

理也已發表過意見。我認為是這樣的,根據調查,A 區營業所只要能夠打進××和××兩個地方,就一定可以成長 140%,我也認為這是有可能的事。不過,總公司的營業部第一課與第二課,應以定 120% 比較妥當。至於 C 區分公司和 D 區分公司,僅僅營業一年多,根據調查所得,前途大有可為,確實的估計是 C 區當可成長 180%以上,D 區則為 200%以上。根據這類調查,我預測平均可達到128%。從以往三年來的實績也可以算出,以最小二乘法計算,將可到達132%之譜。再根據檢討體制,統計全體推銷員提出的目標,則總平均是 126%。當然,企劃課所分析出來的各商品別的預測是很正確的。這是全國的平均數字。不過,就本公司的政策性的努力目標來說,當然希望能有130%的程度。假使所定的數字過低,不須努力就可以輕易達成的話,那就沒有什麼意義了。現在,除了商品別的預測之外,我們不妨再從顧客別、部門別做一個檢討,然後再召開一次決策會議,決定本公司所應努力的標準程度。我們可定於××日召開這一決策會議。」

最後,這一家公司便把目標定在 127%。同時再根據利益政策分析邊際利益率,凡是在30%以下的製品,一律加以整頓。這已經是好幾年前的事情了。實施的結果,實績超過目標,達成率竟超出104%。事後大家才瞭解到,其意見相左,都是因為企劃課所分析的預測資料,非常細密週到,大家不期然的過於拘謹的緣故。

◎設定目標的方法

1. 設定目標的重要性

中小企業的經營者,即使在面對經營上的大問題時,也經常憑經驗、直覺,來決定所應採取的因應方法。訴諸於經驗、直覺的決定,

對於往後還有補救可能的問題，自然較無妨礙。但是對於關乎企業存亡的問題，是無法單憑經驗、直覺的決定來獲得解決的。

例如銷售量一下降，經營者馬上心急如焚地考慮到：「不增加銷售量的話……」，但是與其只是漠然地考慮提升銷售量，倒不如明確把握銷售量下降的原因，訂立出應該如何對應的明晰目標。

換言之，如何使經營計劃順利推展，這種明確的目標設定是非常重要的一個步驟。但是此時只靠經驗、直覺的判斷，是無法取得有效成果的，必須完整分析所應解決課題的問題點和原因，並且針對目標之不同，選擇適用的合理手段。

2.目標應該以何為基準

對於需要緊急應變的課題，比較容易設定目標。但是長期的課題，也就是在競爭中求勝，甚至求得更高成就這種課題，該以什麼為基準來設定目標，其重要性更是自不待言。

所謂的目標可大分為完成基本計劃的基本目標，以及為了實施計劃的個別目標兩種。在中小企業中，基本目標和個別目標多已成了經營者必須學習的工作。但是依照個別目標所訂立的實施計劃，也常可見由部門的負責人來訂立也很常見。

同時，目標也可區分為數值目標和非數值目標。例如在勞務計劃中，訂立習得待客技術、習得商品知識的目標，就是非數值的目標。一般而言，基本目標也是非數值的目標。

相對於此，財務數值便是數值目標中最顯著的目標基準。例如，達到多少銷售額？達到幾成資本利益率？勞動分配率控制在幾個百分點以內？等等都是。以財務數值以外的數值目標為例，上例的勞務計劃中，平均一個人三個月，或是銷售計劃中預計佔有幾個百分比的市場佔有率，這些就是數值目標。

　　基本目標可以依戰略的要因來掌握。我們常常可見所設定的基本目標中，加入了商品結構的變更、業別的擴大、多角化、市場的擴大等等內容，而所表現的方式，應該是明瞭易懂、一目了然的。例如 A 公司的情形，「為了普及本公司道地口味的西點，讓真正的西點達到家喻戶曉的目的，所以三年內要設置三家商店」。而 B 公司的情況，「收益性明顯停滯了，因此要變更為利益為重的經營方針。而銷售量以一年內提升 15%以上為目標，三年後成為名符其實的地區第一商店」。以這種明確易懂的表現方式，可讓所有員工確實理解，共同朝目標努力。

　　個別目標可以大分為經營三資源(人、物、財)的三大目標。

　　例如關於人的目標，是「採用新規定，三年內增加五名」、「採 OJT(現場實地教育)的教育方式，負責現場三個月」、「勞動分配率控制在 40%以下」等。當然也有其他的特例，例如「不任用留鬍鬚的人」、「一年內讀 20 本以上的書」等。

　　關於物的目標，有「市場佔有率在 10%以上」、「商品結構中的 A 商品群，在三年內達到 50%」、「將走高級化、專業化路線，在三年內調高主力商品價格為 1000 元」等。

　　關於財方面，主要是財務數值上的數字內容。例如「分五年償還借款，還清以後自有資本比率達到 40%以上」、「經常利益率 10%」、「為了商品週轉率能有十二回轉(年)，庫存要經常控制在 200 萬元以內」等等例子。

　　總之，目標是確實的、有實施可能的，所以必須和基本方針、基本目標一致。為了使員工能夠徹底瞭解，要盡可能以簡單、易於理解的表現方式來設定目標。

表 2-2-1　經營戰略

　　　不僅限於零售業，對於中小企業而言，伴隨著經濟的變動、社會的變遷，臨機應變的經營方式已不符時代潮流。如零售業對於消費者需求的多樣化、地理環境的變化、大型商店的問題等等全都加以漠視，如何能夠繼續經營下去？

　　　因此必須長時期在經營策略上，輸入企業結構的變化，亦即商店的改造、業態的變更、規模的擴大這些要素，才足以不斷推動經營。而這些要素要以綜合性的眼光來看待。像這種將企業構造變更加入經營中者，就稱為「經營戰略」。

3.決斷的三個階段

在經營上，對於明確作成目標、設定計劃方面，必須要有完全的理解。換句話說，訂立經營計劃，可說是許多大小的決斷，也就是一串串意思決定的連續。而合理的意思決定，必須經由三個階段來實行。

(1)明確設定目標

明確設定目標，即明確地決定出必須完成什麼。例如針對「銷售量減少」課題，設定「銷售量增加」的目標，找出減少的原因，理出幾個解決對策。至於其他例如變更商品結構、提升待客技術、增加員工、改造商店等，也都是明確設定目標的例子。

(2)預測方案的結果

想出各種方案之後，接下來若是能預測、檢討、改善實施這些方案的話，是否可以真正增加銷售量，或是銷售量雖然增加，經費也跟著增加，以及資金能否順利調度等。

(3)篩選方案

根據檢討的結果，就可決定最有可能增加銷售量，並且可期待其效果的手段。但是這種方法，並不是絕對性的，畢竟預測本身不可能有 100%的準確度。此處一開始所陳述的，是只憑經驗和直覺的方式

來考慮。但是話雖如此，分析課題、檢討改善對策再加以決定，若只是端賴經驗和直覺作成決定，從永續經營的觀點來看，這種方式的結果，將會有很大的出入。

訂立經營計劃，設定必須完成的流程目標，其本身已經是一項計劃。如果決定時什麼都不準備，就彷彿過橋時不看橋而過一樣，而若是經由上述階段再來作決定，便可說是輕踏石橋而過。但是儘管過的是石橋，結果卻無法完全通過的話，便不是稱職的經營者。檢討各種方案，謹慎下決定，再大膽實行，是經營者最重要的任務。

以相對於「銷售量減少」的「增加銷售量」這個目標為例，一般而言，不是眼前的問題，而是對於企業將來該如何擴大所訂立的前程目標。此時以什麼為基準，設定目標到何種程度，這些都是值得關心的話題。

3 以數字表明經營目標

◎指出目標是經營者的責任

經營者需綜合分析以往的經營實績，檢討外界資料，預測將來的一年，而後推出明確的目標。

現在，再把這一層關係扼要的整理起來。

1. 決算書——記錄以往的經營實力。

2. 綜合經營分析——對從前與現在的經營能力之評定與價值分析。

3.外界數據之檢討——判斷經營的四週環境。

4.目標之制定——如何應付根據①②③所預測到的事態之具體政策的目標。

5.精密計劃之製作——實踐目標所需的具體計劃。

6.計劃之實施——為實現計劃之不斷的努力與迎接競爭。隨競爭情況之變化,需隨時研究戰略。

因此,制定目標的時候,須一邊根據綜合分析的結果,為下一年做好預測,同時參考各關係人的希望或意見,或是展望等,為經營者之方針推出目標。

目標的內容是很重要的,我們不能以羅列空洞的字句了事,更不能以羅列詳細數字搪塞責任。我們要以明確有力的數字,使之成為計劃制訂人的指標,並使之結合計劃執行人與全體員工的所有力量。

請以數字明白指示經營目標吧。指示目標是屬於經營者的責任。

◎目標的指示方法

首先研究究竟有什麼事情需要指示目標。我們不能籠統地列出幾百項的目標。我們須以年為重點推出目標。

表 2-3-1　目標的例子

1.必須達成年利益目標 3000 萬元。
2.在年內每人必須達成利益目標 30 萬元。
3.在年內,每人的平均工資必須提高 20%以上。
4.為提高工資,在年內每人的附加價值,必須提高至 150 萬元以上。
5.為實踐工資目標、附加價值目標、與利益目標,年銷售額必須達至 3 億元。
6.以年平均 100 人的數目工作。

7. 把年製造成本抑低至 2 億元以內。

8. 把年銷售成本抑低至 4000 萬元以內。

9. 把年管理成本抑低至 2000 萬元以內。

10. 把年資本成本抑低至 1000 萬元以內。

如此，一邊抑制成本、增進銷售、努力工作，一邊為提高工資，使員工安心工作而維護最高的收益。

一般的主要目標項目有下列的幾種：

1. 年利益目標

2. 年銷售目標

3. 年成本目標（製造成本、銷成售本、管理成本等）

4. 年附加價值目標

5. 年研究、投資之目標

6. 年勞務目標

此等目標，根據正經的情報，以明確的數字表示出來。以之為經營者的意思，或是經營全體所必須達成的目標。

4 設定達成目標的具體方法

目標的體系化必須依序由上而下，即由「公司目標→部門目標→單位目標→小組目標→個人目標」的順序來設定。每一個人的目標，是為了達成上級的目標而存在，如果沒有上級的目標，就無從設定個人的目標。

目標管理制度的目標承接，就意義而言，所謂由上而下，並不是說，上級向下級強制指定目標：「這就是你的目標」。如果這樣交待時，就不是目標，而變成「配額」了。在這裏，所謂由上而下的意思是，主管要親自向部屬發表單位的目標，主管並多次與部屬商談，以找出適當的設定目標，並且在執行時，多加協助。部屬承受這個目標後，再往下設定各自的目標。

企業若是第一次引進目標管理制度者，常將「目標管理制度」與「營業配額」，混為一談，其實二者有相當大的差異。

在目標管理制度的目標承接，就實務流程而言，部屬在體察上級目標之後，才能設定自己的目標，但部屬必須明確把握「目標」和「方針」的關係。也就是說，部屬不是直接承受上級目標，而是要瞭解上級的「目標」與「方針」後，部屬承受上級的「方針」，經思考後，吸收並用以設定自己的「目標」和具體「方針」。

因此，所謂「由上而下」，是將上級的「方針」化為下級的「目標」，也就是上級「目標的細分化」與「方針的具體化」，由「目標→目標→目標」，照「目標＝方針」→「目標＝方針」迂迴式的設定，才是正統的做法。

圖 2-4-1　目標的具體化

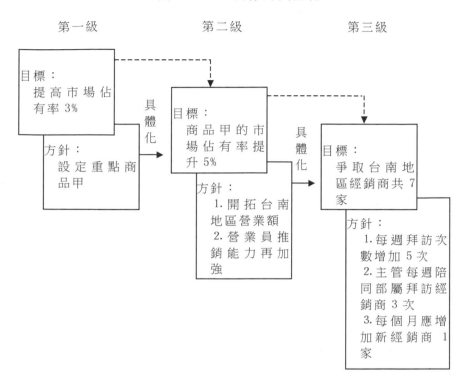

　　假定上例目標是：「提高市場佔有率 3%」，而方針是「設定重點商品甲」，下級就應秉承上級的方針，訂出「提高甲產品佔有率5%」的目標，和「開發台南地區」的方針，你的更下一級單位，秉承你的方針（即開發台南地區），而設定「爭取台南地區經銷商共 7 家」目標，並訂出具體的方針是「每週增加拜訪 5 次」。

　　不只是「目標往上承接」，更要區分「目標」與「方針」，是達成目標管理制度的關鍵所在。

◎各部門都需要有制訂計劃的指標

有了目標就要制訂計劃，最後推行實踐計劃的，就是從業員的意志與力量了。因此，藉從業員的努力，以達成目標，就是經營者的最大任務。

目標或計劃的制訂方法，常因經營的規模或形態之不同而不同。在極小規模的階段裏，無論是目標、計劃或預算多半都是由總經理一個人包辦。不過，在稍有幾個從業員的企業裏，假使生產、銷售、會計等單位負責人或是組織，已有某個程度的分化與組織時，那麼，它的詳細計劃或是預算等，就應由單位負責人來制訂。單位負責人制訂計劃，不僅可以提高各人參加經營的意識，更有提高經營能力的訓練意義。所以，這種做法正可以收到一石三鳥、四鳥的巨大效果。若是那般非我不行的經營者，或凡事都認為只有自己才能做的經營者，這種人手下是絕對培養不出人才的，同時從業員也絕對不肯自動自發的工作。獨裁經營有時是比多頭馬車式的經營更具效果，如在重要事項迅速決定、人事權、賞罰權的運用，不妨以獨裁的方法執行。

各種計劃的擬案工作，應儘量讓手下的負責人去做。只要他們的計劃不會違悖經營者的方針就行了。不過，先決條件是經營者必須訂出符合自己方針的目標給他們，以便他們在擬訂計劃時有一個可靠的指標。否則，他們就不會做出好計劃的。

那麼，總經理要怎樣把這一指針交給各部門呢？

以下舉一簡單的例子。又，計劃書與預算的式樣和幅度，也須預先的指示明白，以期望全公司都能統一起來。

表 2-4-1　製作計劃的例子

1. 營業部門的目標

⑴希望能釐訂有關採購品，本年中全部廢棄的計劃。

⑵希望能提出銷售目標 3 億元、銷售成本 4000 萬元的月別、課別之明細分擔表。

⑶把應收帳款回收目標定在 85%，請依顧客別與課別製作回收目標圖表。

⑷請依月別擬訂銷售促進政策。

⑸把推銷重點放在 A、B、C 之三製品，希望能計劃使其銷售額達至總銷售額之 75%以上。

⑹請擬出更換汽車的計劃。

⑺為瞭解甲分店的合算制，請確實計劃其管理方法。

2. 生產部門的目標

⑴請擬訂絕對達成操作率 85%的計劃。

⑵為杜絕誤期繳貨並降低不良品比率於 1%以下，請擬訂其適當計劃。

⑶以 800 萬元於 10 月份更換××機，以期能降低成本 10%，把製造成本抑制於 2 億元以下，請擬出具體政策來。

3. 會計部門的目標

⑴下年需把重點放在資金運用之效率上，希望每月召開經營會議時，能提出月資金調度計劃實績對照表。

⑵把利益目標定為 3000 萬元、銷售目標 3 億元、製造成本 2 億元、銷售成本 4000 萬元、管理成本 2000 萬元、資本成本 1000 萬元，依月別擬訂綜合損益計劃。預算實績表的格式亦須擬訂好，方便每月召開議時，能提出預算實績。

⑶把管理可能費分為固定費與變動費兩種，為加強預算控制。

⑷希望與製造部作好聯絡，擬訂可自中小企業金融機構貸款設備投資資金 800 萬元的具體計劃。

⑸確實提出根據會計事務×××的改善計劃。

4.總務部門的目標

⑴擬訂年內例行事項的預定表。

⑵擬訂綜合教育計劃。重點放在推銷員與管理職員上。

⑶為達成附加價值目標 150 萬元與提高工資目標 20%，希望能訂出明細的計劃來。

⑷需擬定修訂薪資與改善薪資體系的具體計劃。

⑸七月需充實餐廳設備，請提出具體的實施計劃。

⑹希望與有關人員洽商釐訂職員幹部的健康診斷之醫療設備計劃。

5.總經理室目標

⑴請擬妥內部監察計劃

⑵希望把各部門的計劃於×月×日結束，以配合經營會議，並於×日召開年計劃發表會。

⑶關於經營計劃與實績，希望能以圖表獲得整個的瞭解，請擬出圖表管理方案來。

⑷請依新組織表釐定職務分掌規則。

5 年經營計劃的訂立流程

◎步驟一、瞭解自己公司的實力

　　製作經營計劃的流程中，在具有經營理念以後，便必須掌握情報。其中之一，首先要瞭解自己公司的實力有多少。不論所訂立的計劃多麼傑出、優秀，若是目前公司的能力無法達成，就等於是紙上談兵，不具任何實質的作用。所以必須把握自己公司的實力後，再談其他。

　　而把握自己公司實力的有效武器，就是過去的財務數據、銷售數據、勞務數據等等。

　　構成企業的能力有三種，一是經營要素，也就是人的能力；二是物的能力，也就是商品或商店的能力；三是錢的能力，只要好好分析綜合這些能力的經營力，就更容易把握了。

1. 人力

　　所謂人的能力是指包括負責人在內，企業裏所有業者的能力。這裏主要的觀點，是由平均一位業者的收益及費用方面來看的。在經營學的用語中，最基本的，便是勞動生產性的問題。到底平均一位員工得到多少毛利？與其他同業相比，是多？是少？這些都必須確實探討。

　　同時也要清楚，在毛利中，人事費用佔了多少比例，這項比例是三分之一，或是二分之一？例如儘管人事費用是很平常的支出，但是如果人事費佔毛利的比例過高的話，很可能就是因為企業中的人員過

多，或是勞動力未完全發揮出來。因此，必須設定平均每一位員工所應達到的銷售目標額，或勞務計劃的目標。

除此之外，服務年資、平均年齡、人際關係、企業內的組織形態等，也都是掌握人力的要素。

這裏必須注意的是，業者和員工之間的差異。業者是包括經營者，員工則是不包括經營者。在考慮人力時，必須記得這一點。

2.物力

所謂的物力，是以商品、商店等的效率為主要著眼點。且以其中一、兩項商品為例，商品回轉率是幾次週轉？等等來作為評估的對象。舉例來說，如果自己公司的商品週轉期間需花 30 日，而業者間的平均日數是 20 日，此時就必須檢討為什麼所花時間比別人長。同時也必須瞭解在每項商品群中的週轉率如何，以及各個部門在公司內是強是弱。除此之外，也可藉由商品群的毛利益率乘上商品群的週轉率，所得的交叉比率，求得各商品群的商品效率，如此便可更加明確評估物力了。

以商店為例，可以將一些較具代表性的商品，在賣場面積每坪所得的銷售額，來作為一個目標，我們稱此為賣場效率(坪效)，是預知企業銷售力的重要管道之一。

除了在量方面需要有所提升之外，質方面的評估也是不容忽視的。例如有採購的負責人嗎？有專業的銷售員嗎？有徹底的倉庫管理嗎？這些都是詳知實力的重要途徑。若是再加上製造或加工的項目，對於製品的企劃、市場性、製造成本等，當然也都該列為評估的重點對象。所以關於商品的實力，必須由量與質兩方面來加以掌握，不可偏廢一方。

3.財力

關於資金的能力，是藉由支付能力及借款能力為主而進行評估的，例如支付能力的流動比率（在一年以內的現金資產所應支付的負債）是 200%以上的話，就是理想的狀態。

在財務方面，有一種具穩定性的自有資本比率。這項自有資本比率，是合計負債與自有資本的總資本中，不需負擔償還的自有資本的比例。

至於借款餘力，則有數種方法。有以擔保力來看的方法，也有利用折舊費或利益等等，這些以內部保留可支付資源來看的方法，甚至也有以可支付利益來看的方法。

另外，資金的調度體制是否健全？能否順暢週轉資金？都是眼前所需重視的要點。

4.經營力

經營力是綜合各個要素的能力，主要是集經營者的能力、收益力、選定地區所要求的地理條件等為內容，來進行評估的。

其中的收益力，由於是投資效率，所以更加重要。也就是說，企業投注了人、物、財這些資本後，若是其最終利益反而不如投入同額的資本到銀行更為有利的話，就代表著投資效率不理想，企業的能力有問題。一般而言，投資效率是以相對於總資本的純利益比例來求得的，也可說是總資本純利益率，可分解為如下公式：

$$總資本純利益率 = 純利益 \div 總（投入）資本$$

$$= \frac{銷售額}{總（投入）資本} \times \frac{純利益}{銷售額}$$

$$= 總資本週轉率 \times 銷售額純利益率$$

假使總資本純利益率低，那麼到底是銷售額的純利益低，或是資本使用不當，都可藉由此分解公式來找尋癥結所在。

至於經營的綜合能力，最需重視的則是質的方面。而自己公司的現況分析，是訂立計劃的一項重大指標。由於有許多中小零售店，其內部的經營數據太過缺乏，常困擾於不知該如何評估自己的效益。

◎步驟二、熟知外部環境的動態

瞭解了自己公司的實力之後，接著就必須探討自己公司是處於何種環境之下。假使四週的環境一旦改變，便毫無因應對策，就可看出這家企業未訂立長期計劃，即使有，也只是難於實現的計劃。先前提過經營構造的變化，其實也就是訂立經營戰略的基礎。

只要有心收集情報，一定會得到許多數值及非數值的情報。其種類是五花八門，在此將告知各位，在眾多情報中，該著眼於何處才能真正發揮情報收集的目的。

1. 該行業的現況及未來的發展性。

2. 取得消費者動向的數據——消費者的購買行動及需要、商圈的家庭數與人口的動向、都市開發、地區開發的動向等。

3. 所處地理環境的動向——競爭商店或大型商店的設立及其動向、都市計劃的動向、道路網、交通網的動向等。

4. 商品的需要動向及消費傾向。

以上所提到的行業、消費者、地理環境、需求這四項重點，是比較容易得手，而且是非得手不可的數據。

雖說情報多得不計其數，但也許有人不認為如此。這類人大抵認為只有自己能夠馬上使用，或是經過加工後，對自己公司有所助益

的，才稱得上是情報。自己所屬的批發商，有時也會將所收集的最近動向情報披露給我方，但是基本上，情報必須經由自己再加工後才可以使用的。

在收集情報前，必須對情報加以抉擇，只收集必要的部份。只要把握住重點，再來收集、加工的話，便能使情報發揮到最大的效力。

對中小零售店而言，最容易使用的加工數據，是鄉鎮市區等所提供的「廣域商業評估報告書」、「商店街評估報告書」。前者是由內、外兩面，來評估市、鎮、村行政單位的商業環境，具體明示對於商業環境該如何對應，以及個別商店的努力方向。至於後者所針對的，則不是單獨的商店街，而是對於週邊的所有商店街，加以分析其地理環境，以及地緣消費者的動向，是個別商店最易使用的加工數據。

這些調查資料，有時是由各商、工會所獨自調查的。

關於行業別的動向，也可由各縣市的經濟單位、工商單位，或綜合指導單位所完成的「產地評估報告書」、「行業別評估報告書」中，得到所需要的寶貴數據。

這些資料，並不完全適用於所有行業或商店街，若是自店要根據這些報告書所指示的方針實施的話，就必須取得這些數據。

◎步驟三、明確目標及方針

作成計劃的流程中，確認目標和方針所代表的意義，或者是必要性,可說是選擇實現目標的手段或方法,同時也必須找出真正的手段。

例如爬山，有各種路線可以爬到山頂，若是必須以最短的時間爬上去的話，就必須考慮那條路線所花的時間最少，最後再決定該走那條路線。帶著女性或小孩子時，即使會耗去相當的時間，也要顧及安

全問題，選擇比較保險的路線。

在爬山的例子中，對於爬山這個行動（計劃）而言，「短時間爬上」、「安全爬上」為其主要目標。換言之，「短時間爬上」的目標、方針若是更為明確的話，便必須選擇能夠以最短時間爬上去的快捷方式。若是以「安全爬上」為其目標、方針時，就要選擇平坦的道路。而這條道路，便可視為手段或方法。

即使在實際的經營中，對於目標或方針，也有許多可採取的手段。當中是否能夠選擇最具效率而且可能實現目標的方法、手段，可說是決定於其目標或方針有幾成的準確性。反過來說，經營者所選擇的方法或手段，便是評估的基準。

目標與方針之間，到底存有何種關係呢？由結論來看，要為二者作明確區分是非常困難的。因此，這裏著重數量方面時稱為目標，著重質方面時則稱為方針來加以區分。例如制定「成為地區第一商店」的目標，便是很明顯的基本方針，而「五年後銷售額成為現在的三倍，員工增加五人」，便可設定為基本目標。

另外也有「目標是表示應到達的終點；方針是表示所應採取的手段、行動的方法」這種論調。不管怎樣，方針和目標之間的嚴密區分，並不是現實中決定計劃的要因，所以若要堅持區分，僅以是否以數字來表現作為區分也就足夠了。

◎步驟四、檢討達成目標、方針的手段

能夠確認目標或方針之後，接下來的重點，就是採取何種方法了。只要目標、方針非常具體，應該就可以馬上導出所應採取的方法，但事實上，常會遇上例外的情況。一般而言，是以如下的方式來導出

方法。

1. 檢討有什麼方法、手段。

2. 盡可能引出其他的方法、手段。

3. 從中挑選最易實現目標的方法、手段。

在此特別為各位針對找出實現目標的手段、方法的訣竅，作一番說明。

雖說這裏的重點是強調在找出方法、手段之後，便有實現目標的可能。可是實行起來並不如想像中那麼簡單。由經營內外的情報中，可清楚得知為何要訂立此項目標的原因。例如，由於員工的離職，使得銷售額低落時，就必須訂立增加員工的計劃。這種案例在決定僱用手段或僱用條件後便可實施，所以這種比較性的方法、手段，應該較為簡單。

但是遇上資金週轉困難時，首要工作便是查明資金週轉困難的原因。是票據的期限過長？賒賣貨款的比例過高？或是由於利用流動資金來作設備投資？銷售的絕對額低落？必須根據所有線索，找出可能的原因來。如果是由於銷售上的低落，就必須訂立更綿密的銷售計劃。雖是亡羊補牢，為了眼前的資金週轉問題，也不妨在財務計劃中，借貸外款來調配。

即使根據所發現的原因來訂立計劃，但是檢討解決的手段與方法，並不是那麼容易的事。更進一步來說，在「成為地區第一商店」的方針之下，假設必須設立五億元的銷售額目標，而在考慮到其方法或手段時，便顯得力不從心了。

實行的方法，有時可由外部的數據中全盤獲悉（例如「評估報表」等），但是大部份時候，必須由自己公司獨自想出方法或手段來因應。此時聚集眾人想法的關鍵就很重要了，現在則針對此一關鍵點列述如

下。

1. 謀求與具有外部專業能力者接觸。

2. 站在對方立場設身處地考慮。例如在思考對付競爭店對策的同時，要設想自己是競爭店的店主所可能採取的舉動。

3. 身上帶著筆記本。培養一想到好主意，隨時隨地記錄下來的習慣。

4. 為自己留下遠離日常業務的空閒時間。

5. 製造傾聽他人意見的機會。但並不是邊聽邊批評，而是從他人所提的意見當中，自己試著去聯想，找出能夠作為確切方針的主意。

聚集想法的訣竅有以上各種方法，但若是要磨練成更具經營者實力，在平時就須多涉獵經營管理方法、環境分析知識等專業性的知識，如此一來便可「如虎添翼」。

◎步驟五、比較並決定各種手段

有了明確的目標，也思索出了方法和手段之後，接下來就要決定是採用那種手段與方法。

1. 比較的基準

在比較方法與手段時，最主要的問題是以什麼基準來比較。因此比較對照的基準，就顯得相當重要了。在此則根據替代關係上的手段與方法來進行說明。也就是說，採用某個方案的話，其他的方案在瞬間全都變成不需要的案子了。但是通常在採用某個方案時，一定必須一起採用其他不同的方案，不過這種補充的關係，目前不打算深究。

比較的基準可分為兩種。第一，是否為可實現目標的手段；第二，何種能夠更有效地達成。

(1)是能夠實現的手段嗎

舉例來說，食品要設置冷藏櫃時，由於有各式各樣機種的冷藏櫃，所以必須針對該店的方針，選擇適合的機種為宜。

如果該店的經營，是需要生鮮三品的冷藏櫃，首先必須判別這種櫃子，與冷凍食品用的冷凍櫃、飲料、冰果的冷藏櫃是不同的，最好是選擇能夠實現方針，利用壁面平面陳列的機種。手段是專為實現目標而設定的，所以當然必須有實現的可能。

(2)是更有效率達成目標的手段嗎

在有實現可能的基準之下，不論那一個手段或是機種，都能符合方針時，再來就是檢討那一項方案能更有效率地達成。此效率可由目標達成的程度，以及所投注的費用比例來求得。且以如下的公式來表示。

目標達成的程度÷目標達成所需費用＝目標達成的效率

在目標達成的程度上，例如 A 機種很長，且有調溫裝置，而 B 機種不長，卻沒有特別裝置，但也因此價格比較便宜，此時要評估其效果時，便需藉由可貢獻多少銷售額來判斷。不過在客觀的評估上有困難時，也可以利用使用期間內所花費的總成本來作為比較的方法。若是目標達成的程度相同，當然就必須比較成本。

2.決定方法

說到「決定」，並不是單單靠著董事長指示「這個！」就可以定案，應先考慮實行上的可行性。在作成計劃的流程中，可決議出各種大小的決定。例如從形形色色的方案中，思索能夠實現目標的手段行為，本身就是一項決定。

此一決定，必須順利並且合乎道理來實行，因此確認以下各項目，也就不容置疑了。

⑴是否抱持為何目的經營的意識？所有員工是否貫徹此一想法？

⑵自己的企業實力把握到何種程度？是否過低或過高評估實力？

⑶環繞企業的週邊環境，是否已分析清楚？

⑷分析自己的實力和外部環境的資料，是否整理得很容易瞭解？

⑸目標和方針是否以明確的方式表現出來？

⑹是否想出可達成目標的方案？各案的優、缺點是否經過整理？

⑺採用某方案時，是否妥善調整與其他有關計劃之間的配合？

這些內容是順利完成計劃決定的重點。所謂科學性計劃設定，不只是憑著往日的經驗和直覺，而應更加充分地檢討、比較、調整這些流程，才能夠完整、詳實的加以完成。

6 制訂部門計劃的流程

◎理解經營理念，確認本部門的任務

制訂部門計劃，首先要理解經營理念、經營方針，以及本部門的任務。

經營理念就是企業的目的，表達企業的方向及基本政策。它是全企業的經營指標，也是企業全體成員的行動指標。所以在部門經營中，要將經營理念深植在組織中，使部門成員都能理解自己分內的工作及行動目標，提高全員參與的意識。

　　經營方針推衍為經營基本方針、中長期經營方針、年方針等，部門管理者明確理解經營層的經營方針後，即可制訂自發性、積極性的部門方針及部門計劃。

　　所謂確認本部門的任務，並不是只確認銷售部門、生產部門的任務，部門管理者需理解經營者的意向及「應有的企業形象」，考量為達成應有的企業形象，本部門所要負責的任務，在本部門內如何進行銷售、生產等方面的創造性革新。

◎預測外部環境的變化

　　企業能否成長，決定於能否適應環境的變化。未來的部門管理者，並不再以銷售或利益為中心，或單純以延伸過去的業務來考慮經營計劃，而是去察覺、去發現企業及本部門週遭的環境變化，對所得的人才、物質、財力、技術等經營資源，重點性地投入各成長領域，這種戰略性方案迫切需要，因此必須能正確掌握環境變化的各種要素。

　　總體環境方面，需預測國際環境、國內環境及產業界環境。個體環境方面，則要預測業界需求動向、國內外競爭企業動向。基本上是：

　　①由變化中發現新的事業機會。

　　②預先發現阻礙既存事業成長的變化，探索克服方向，並檢討這兩種對策。

　　以下將簡單介紹環境變化要素的主要注意點，以及如何掌握環境變化要素，從中發現有利的商機。

1. 環境變化要素之主要注意點

(1)有關國際環境動向的注意點：

在經濟走向全球化的過程中，我國的國際經濟地位亦隨之提高，受到國際性組織或公約的限制亦日益增加。因此，和各國間相互依存的程度也日漸提高。這個時代，忽視全世界的動向，企業將難以繼續經營。

①世界的政治經濟動向。

②市場整合動向。

③國際商品行情動向(石油、黃金等)。

④外匯市場動向(日圓對美金、歐元對美元、日圓對馬克等)。

⑤主要國家的景氣循環及利率走向。

⑥主要國家的貿易政策以及對競爭國貿易摩擦動向。

(2)有關國內環境動向的注意點：

①國內政治經濟動向。

②國內股票市場和商品市場動向。

③國內景氣循環和利率動向。

④個人消費動向(消費者需求高質化、多樣化等)。

⑤地價、物價等。

⑥社會動向(女性就業群的影響力、高齡化、出生率降低等)。

(3)有關產業動向的注意點：

①產業結構的變化，該產業的未來動向。

②主要產業的收益動向。

③主要產業的設備投資、新產品、新技術開發動向。

④主要產業海外直接投資和產業空洞化動向。

⑤進口商品動向。

(4)有關業界動向的注意點：

①從經濟社會環境中，觀察業界定位變化動向。

②主要商品的生命週期狀況。

③本企業、競爭企業在商品力、商品結構及市場佔有率等的動向。

④批發商、零售商等流通通路的動向。

⑤消費者動向、消費結構動向。

對以上各點，應儘量搜集資訊並著手進行分析，評估這些環境要素的變化，對本企業和本部門的存續成長，有那些影響，並據以檢討對策。

2.可作為商機的環境變化要素

展望未來，列舉幾個主要環境變化的要素：

(1)更高度資訊化的發展。

(2)全球化的發展。

(3)價值觀的多樣化、生活方式的變化。

(4)技術革新的發展。

(5)高齡化、出生率減低、勞動時間縮短等的趨勢。

(6)全球性對環保問題的關心。

其中，以(1)、(2)、(3)三點，對經營革新的進行是特別重要的觀點，(4)、(5)、(6)三點，則可作為重要的企業課題。

企業對這些要素，應有那些看法，要用何種構想去應對，把這類環境變化化成商機利用。在此，針對(1)、(2)、(3)三點應有的構思方向，依序加以解說。

(1)對更高度資訊化發展的應對

對企業經營而言，信息量的激增和傳達的迅速化，在因應顧客需求多樣化、加速新產品開發等方面，均有莫大的貢獻。但相對的，產

品或技術的生命週期愈來愈短,造成產品生產趨向多樣少量及技術人力不足等情況。

在產品或技術方面差距愈少的成熟期,必須有一項觀念,就是要站在消費者的立場,有效果的選擇商品,成為生活提案型企業,為顧客準備個性化商品。

(2)對全球化發展的應對

在社會經濟活動全面朝全球化發展之際,必須用多角度的眼光去看全球化對企業經營的影響。配額、傾銷、智慧財產權、三角貿易、野生動物保護、環保、GATT、進入聯合國、台幣升值或歐洲共同市場統合等問題,對國內都有很大影響,並需注意進口產品增加等和各國相互依存關係的發展情況。

國際間的企業競爭仍在持續進行,依過去的演進而論,有可能出現非關稅障礙。

(3)對價值觀多樣化與生活方式改變的應對

90 年代,生活水準提高,消費者選擇產品及服務的標準也有很大不同。如今,只靠橫向排擠競爭,或者合理化降低成本是不夠的,必須進行更基本的企業革新,加強與其他企業的差異性,不單是改變硬體,服務、資訊、企業文化等,也必須一併改變。

◎分析本部門的現狀

(一)掌握優勢與劣勢

企業為能長期安定及成長,必須在競爭中擊敗其他企業。所以企業和本部門要不斷進行現狀分析,導出問題點,充分認識企業與本部門的優勢及劣勢,加以必要的改善。使優勢更有力,並針對弱勢予以

補強，而這項戰略必須包含於經營計劃中。

　　經營者和部門管理者必須先對現狀建立共識，否則就不能站在同樣的立場去制訂計劃。部門管理者應該對企業的問題點有正確的認識，並以此為前提，去掌握各部門自身的問題。

　　行銷或生產等不同部門的管理者，必須對現狀取得共識，部門管理者很容易以自己的部門為中心而思考，若沒有達成共識，就會導致企業內的對立或意見無法溝通的情況，便無法團結全體成員，去完成經營計劃所要實現的經營目標。

　　以下各點可作為認識企業現狀的重點項目：

1. 所屬市場、產業的未來潛力。
2. 產品的壽命、知名度、品牌力、價格競爭力。
3. 營業行銷能力。
4. 研究開發能力。
5. 生產、技術能力。
6. 資金、財務能力。
7. 商品、製品規劃能力。
8. 人力資源、人才運用、組織活力。
9. 安定度以及企業營運方法的堅實度。
10. 經營戰略能力。

　　按照這些經營要素，先掌握企業現狀，進而整理和競爭企業的比較，重點在於發現企業的優勢與劣勢。

　　分析現狀時，必須要把企業活動中，對人才、物質、資金、市場、技術、資訊等要素做綜合性的評估，將可計量的要素，與不可計量的要素（銷售力、生產力、技術力等）都以客觀的態度分析，換言之，要以跳脫到企業外的角度來評估企業的能力。

(二)分析企業的業績

企業要定期製作損益表、資產負債表等決算書,部門管理者需依據這些決算書掌握企業的實力。以下介紹如何利用「經營指標分析表」,來分析本企業。

1.綜合指標

⑴用資本額對營業利益率掌握原有營業活動的收益性。

⑵用資本額回轉率掌握資本額利用度。

⑶用營業額對營業利益率掌握營業毛利。

⑷用自有資本對經常利益率掌握自有資本的收益性。

⑸用總資本對經常利益率掌握全企業活動的收益性。

2.與財務有關的指標

⑴掌握總資產中存貨的比例。

⑵掌握總資本中自有資本的比例。

⑶用流動比率掌握支付能力。

⑷掌握速動資產的支付能力。

⑸用經常收支比率掌握資金流動所產生的支付能力。

⑹掌握自有資產投入固定資產的比例。

⑺掌握長期資本投入固定資產的比例。

⑻掌握營業額對應付利息的比率。

⑼用固定資產週轉率掌握固定資產的活用度。

⑽用應收帳款週轉率掌握銷售貨款回收狀況。

⑾掌握銷售貨款的回收狀況,包含貼現票據。

⑿用支付帳戶週轉率掌握應付款的支付狀況。

3.有關銷售的指標

⑴營業額對營業總利益率的變動。

⑵營業額對經常利益率的變動。

⑶營業額對營業費用、一般管理費用的變動。

⑷營業額對銷售費用的變動。

⑸營業額對廣告宣傳費用的變動。

⑹平均每坪面積營業額的變動。

4.有關生產的指針

⑴平均每名員工營業額的變動。

⑵以平均每名員工附加價值來掌握勞動生產力。

⑶以附加價值率來掌握營業額。

⑷以勞動分配率掌握適當的人事費用比例

⑸以資本生產力觀察投資效率是否良好。

⑹觀察商品、原材料、半成品等的週轉率。

5.有關勞務的指標

⑴營業額對人事費用的比例是否適當。

⑵每人平均人事費用的水準。

⑶看人事費用與福利衛生費用的比例。

⑷平均每名員工的有形固定資產配備額(勞動整備率)。

對部門管理者來說,最重要的任務是在應對劇烈的企業環境變化的同時,還要維持一定水準以上的業績。利用經營分析方法,經常掌握本部門的現狀及問題,並提出解決問題所必要的目標值及評估達成狀況,這種經營態度對管理者來說是十分必要的。

政府按照規模、業種別,每年發表「中小企業經營指標」提供業者參考,可以掌握本企業處於何種地位。

◎檢討部門結構計劃，整理重點戰略課題

所謂經營結構，是指為實行經營活動所必要的基本性架構，具體來說，指的是產品市場結構、組織結構、設備結構、人才結構，以及財務結構等。

部門管理者先理解經營理念及經營方針，並確認本部門的任務，並預測外部環境變化，對本企業及本部門作能力分析及業績分析，思考以目前的狀況進行，3～5 年後，本部門的業績將變成怎樣的狀況，並討論，為要達成本部門的目標，應如何變革本部門的經營結構，並整理重點戰略課題以求其能夠實現。

以產品的市場結構為例：

1. 本部門現處的事業領域未來仍應維持的領域是什麼？

2. 將來不能夠繼續維持的事業領域是什麼？

3. 本部門現在還未進入，而在未來需進入的領域是什麼？

用這三個著眼點，選擇本部門今後的事業領域。這種情形最常用的分析方法是 PPM(product partfolio management)。BCG 和 PPM，它是由市場成長性和企業的優勢(市場佔有率)為兩面，進行事業的分析及評估，以「金牛」、「明日之星」、「問題」及「狗」為四大類，按個別製品決定應選擇的事業戰略，並且對該事業戰略致勝的關鍵做檢討，以得出是由於新產品開發、新市場開發、生產能力或財務方面的因素。

另外，安索夫(Igor H. Ansoff)利用市場及商品的組合，將事業戰略，分為深耕戰略、新產品開發戰略、新市場開拓戰略，以及多角化戰略等四大領域，作為區別。

　　依照部門的結構計劃做檢討，是部門管理者的重要工作，在制訂部門計劃的流程中可說是最重要的一步。部門管理者為完成此流程，特別要對本部門在企業中的任務有正確的認識，並加強有關內外環境變化資訊的搜集、整理、分析等的戰略性思考能力。

　　整理重點戰略課題，不是站在現實情況的延長線上做考量，而是要揭示本部門在 3～5 年後想達成的戰略目標，在企劃中要具備為實現目標應有的「熱情」及「思考」，同時，要準備一個以上的替代方案，做好風險管理，隨時做好面對環境激變的準備。

　　部門管理者要把本部門當做一個企業，要把自己想成是企業的總裁，並用和總裁相同的經營視野，去進行本部門結構的改革。

◎設定部門計劃的結構

　　部門計劃的內容，因業種、企業的不同而有差異，以行銷部門為例，其計劃內容有：

　　商品（商品計劃）、地點（市場計劃）、時間（期限計劃）、回收方式（回收計劃）、執行者（組織計劃）、訂價方式（訂價計劃）、推廣方式（促銷、廣告宣傳計劃）、銷售量預估（銷售計劃）。

　　在設計構成計劃時，要儘量搜集企業內外的各類最新資訊，而且也需正確的預測今後可能會發生的各種變化，充分檢討及協調各構成計劃的整合性。

圖 2-6-1　一般行銷計劃的結構

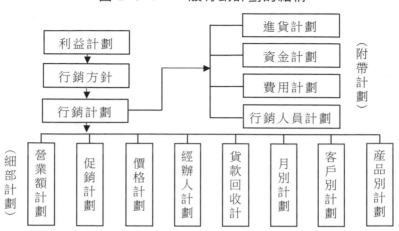

◎制訂部門目標、方針及戰略

制訂部門計劃的前提，先要將部門目標、部門方針及部門重點戰略明確化。

部門目標，以行銷計劃而言，營業目標及利益目標，是企業兩個極重要的目標，所以經營者做出裁決定案之前，需先與有關部門做好充分的協調，而在生產部門方面，其目標則是以品質、成本、交貨期等三點為設定中心。

部門方針是根據基本經營方針、長期經營方針，以及年方針制訂而成。

部門方針的內容，因業種和企業而有所不同。通常，部門方針的內容會包含以下幾項：

有關部門重點戰略之方針、有關利益改善的方針、有關人才育成的方針。

　　部門重點戰略，是為達成企業目標、部門目標，各部門所採用的重點性戰略。以銷售部門為例，是以商品別、地域別、銷售據點、顧客層面，和配銷通路等做細部的檢討。部門管理者為改變現狀，需要對目標、方針、戰略做充分的檢討，以面對挑戰。

◎制訂完成部門年度計劃

圖 2-6-2　年度經營計劃體系

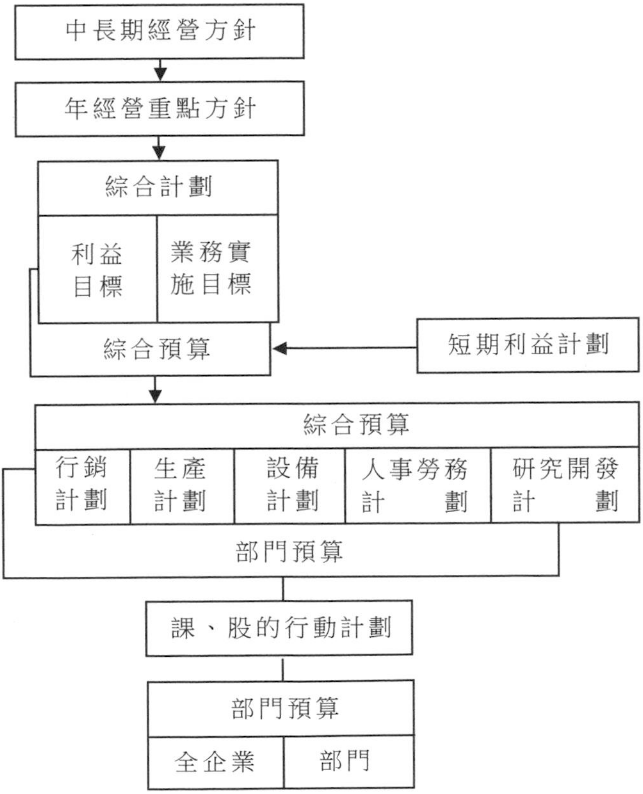

部門年度計劃，是部門中長期計劃（結構計劃）中的年別實施計劃。每年按當年實績檢討後五年的中長期計劃，年計劃就是中長期計劃的初年計劃。

中長期計劃是評估 3～5 年後概況所制訂的計劃，在重點課題中，需概要明示對象、期限，以及執行者等。

例如，在銷售據點擴充案中，將 5 年內增加 3 倍的直營銷售據點，增加 5096 的地區代理店網、市場佔有率倍增等目標，概要的設定於年計劃中。

表 2-6-1　年度推進項目書範例

區分	項目名稱	項目課題	日程計劃		執行部門	相關部門
			開始	結束		
企業	商品庫存週轉期縮短	1. 庫存週轉期縮短 1 個月	/	/	行銷製造技術	資材財務
		2. 借款 7000 萬元的償還	/	/		
行銷	商品庫存週轉期縮短	1. 必要達成的月行銷預算	/	/		
		2. 提升訂單的正確度	/	/		
		3. 掌握代理店月底的庫存	/	/		
製造	商品庫存週轉期縮短	1. 調整行銷生產計劃	/	/		
		2. 減少庫存半成品	/	/		
		3. 小批量生產體制	/	/		
技術	商品庫存週轉期縮短	1. 零件標準化、通用化	/	/		
		2. 產品制程檢討與簡化	/	/		

年度計劃是按照以上各項，決定當年計劃、日程計劃（通常以月為單位）、主持人、投入人員和費用預算。

此外，制訂年度計劃時，以下各點的檢討相當重要：

1. 對前一年的部門方針及部門計劃的達成狀況，以及未達成事項的原因做檢討。

2. 整理目前部門所遭遇的各問題點，檢討改善問題點的因應對策。

3. 本部門的部門計劃，應與其他部門(例如：檢討生產管理時，相關部門是人事、行銷、及生產等部門)配合，共同檢討。

4. 也深入檢討部門各成員的行動計劃。

◎依年度計劃編制預算

年度計劃是由組織及功能單位的部門計劃和短期利益計劃，並考慮業務實行目標及利益目標，統合編成年綜合計劃，所以採用全企業性的預算型式及方法。

在行銷部門，以營業額預算為中心，按各部門的損益預算、資金預算，以及資本預算為基礎，製作出損益預算表，預估資產負債表，並與短期利益計劃的目標數值統合調整。

部門管理者依照經營階層所下達的營業額、利益及人員等預算編制方針、部門方針和預算編制要點等，對部門人員做出指示。預算制度成功的要件是，讓部門人員產生達成計劃的意願，因此，部門人員應參與預算計劃的製作，而製作計劃預算，原則上也是以由下往上的方式討論完成的。

部門成員通過部門方針和預算要點後，更能體會到部門管理者的經營意志，部門內活動便依此經營意志做綜合調整，這種綜合調整被稱為預算的事前調整功能。

部門預算要編入會計制度中，按月決算並分析預算與實績的差異。

◎發揮領導能力，激發成員的動機

經過以上流程所制訂的部門計劃，再配合全企業計劃的調整，做必要的修正後，部門計劃的制訂工作便就此告一段落。

在部門計劃的制訂和運用各階段中，部門管理者所負的任務和領導能力是非常重要的，並需要具備以下幾項要件：

1.對本部門在企業中的任務有正確的認識。

2.經由對本部門結構的改革，而能對企業整體業績有所貢獻的改革意願。

3.基於現狀思考，還要有立足現在，放眼未來的戰略思考力。

4.除了本部門成員外，也能使關連部門、經營層理解的卓越企劃能力，以及達成課題的耐心和彈性的執行力。

在部門計劃的實施階段，為了獲得制訂時所期待的成果，必須深入探討部門成員的行動計劃，以及一連串的相關計劃，如小組活動、目標管理、自我申報制度等，更需要成員有全員參與的意識以及共同達成目標的意願。

所以，部門管理，必須發揮領導力，像昔日以油印方式製作部門計劃的時代，每一個部門成員，都熱情參與，以這種心情，去集結成員，激發他們的幹勁。

◎部門計劃之實施與評估

1. 詳細管理經營計劃的進展

　　一份卓越的部門計劃，若不去實施，永遠只是無法實現的理論。為確保能實現，在制訂階段就要提高全員參與意識，同時在發表會上，強調其他計劃的重要性，必須使成員理解且認同。部門主管一定要有強烈的決心及態度，不論任何阻礙，都要達成部門計劃。也要考核部門成員是否積極實施經營計劃，制訂有關進度管理的方法。

　　為確保經營計劃的實施，每日、每週、每月、每季、每年，在各期間，對應該要檢核的項目，及主管部門、手段方法等，進行詳細的進度管理，而且要以作業班、股單位等小組織，經常性的舉行計劃與實績的差異分析和對策檢討會，經由這些方式去發現各種問題的原因或問題點。

2. 制訂部門業績管理會計制度

　　在檢討部門業績管理會計制度的制訂時，為引進這種方法，需要設置利潤中心，並確認產品、地域別和其流程。

　　使用電腦可使管理會計制度更易執行、準確度更高，部門管理者利用這些方法，能迅速得到本部門的現狀分析、計劃達成狀況和問題點等所需資料。

　　為確保部門業績管理制度和普通會計制度（財務會計）能夠整合，要將帳戶科目等統一化，並應按月決算，比對經營計劃與實際績效，以期能建立一個能即時掌握狀況的制度。

　　出現重大差異時，部門內相關人員必須充分檢討改善方向，在每月決算會中讓他們報告今後的對策和結論，並做追蹤調查。

表 2-6-2　部門計劃達成狀況的檢查方法

週期	檢查項目	手段	方法	主管部門
每日	每日的營業額、訂單、生產、交貨期、貨款回收、訪問對象等的檢查	日報表 圖表 作業管理板	朝會 會議	股長 組長 班長
每週	檢查每月計劃進展率	週報表 圖表	部門會議 （朝會）	課長
每月	各部門業績 · 營業額 · 生產額 · 庫存量 · 變動費用 · 本月利潤 成本結構 貨款回收狀況等	月決算	月決算檢討會	部門主管
每季	檢查年計劃進展狀況	月決算	經營會議	高級幹部
每年	年經營計劃達成狀況	年決算	高級幹部會議	總裁

3.經營計劃達成率的評估

　　經營計劃的達成，一般是用「經營計劃達成率」來評估。表2-6-3，即提出一些部門的業績評估基準。

　　在進行業績評估前，各部門要向成員公佈評估基準，讓成員能夠主動達成各標準，並要注意，須將評估結果通知部門成員，使大家都能瞭解情況。

　　部門管理者，要把計劃達成的評估結果，正式的反應在獎金或人事考核上，以強化部門成員的動機。另外，還要定期對經營層及相關部門報告計劃達成狀況，必要時應進行全企業性的調整。

表 2-6-3　業績評估基準表

部門	業績評估基準
銷售部門	營業額達成率 營業利益達成率 貨款回收額達成率 新客戶開發達成率 重點戰略課題達成狀況
生產部門	生產額達成率 生產成本達成率 設備使用率達成率 平均每人單位時間附加價值達成率 重點戰略課題達成狀況
人事勞務部門	人工計劃達成率 人事費用計劃達成率 教育訓練計劃達成率 勞動時間縮短計劃達成率 重點戰略課題達成狀況
財務部門	資金調度運用計劃達成率 長期利益計劃達成率 有利息負債削減計劃達成率 自有資本比率改善計劃達成率 重點戰略課題達成狀況

7　經營者與部門主管的任務區別

　　在制訂經營計劃時，全體經營幹部必先體認企業的基本方針，進而研討全企業的戰略課題，並負責自己的部門課題及行動計劃，否則便只是經營者唱獨角戲，難以發揮強大的力量。

　　進行經營計劃時，經營者和各部門管理者間的工作分配。不過，企業的經營計劃，並不是累積各事業部門計劃所產生。僅由累積各部門計劃而產生的整體計劃，只是現狀肯定型的現場主義，並不能適應今日經濟結構變革激烈的時代，早晚會有落於人後的危險性。戰略性的經營計劃，包括經營體質的改革或事業構造的改革。首先，經營者必須對內外環境的變化有敏銳的先見力，以規劃基本戰略和策定中長期經營計劃，其次，再由年經營計劃、部門實施計劃，依序展開。

　　中長期計劃屬於戰略性，而年計劃則是戰術性，將來，一個部門管理者的任務中，會變成戰略 80%，戰術 20%的分配狀況。

　　管理一個部門，必須注意下述幾個重要的經營觀點：

　　①部門現存的問題有那些？

　　②企業目前所遭遇的問題有那些？

　　③未來幾年間，市場將如何變化？

　　④今後三年間，競爭者可能採用的策略中，那項將對本企業或本部門產生最大威脅？

　　⑤本企業和本部門在三年後最有可能面對的問題有那些？

　　⑥為進行部門經營體質改革或事業結構變革所必要的重點對策是什麼？

表 2-7-1　制訂經營計劃時經營者和管理者的任務區分

		經營者	各部門
中長期 經營計劃	經營理念	經營者制訂	各部門 主管制訂
	基本戰略	經營者制訂	
	各部門的結構計劃		
	重點戰略課題的選擇	決定戰略	
	中長期利益計劃	承認計劃	
年計劃	全企業之年方針	決定方針	
	部門方針		決定方針
	全企業之年戰略	決定戰略	
	部門年計劃		作成計劃
	全企業之年計劃	作成計劃	
	部門預算		各部門制訂
	部門間整體調整	調整	調整
	年綜合預算	承認計劃	

要先確定經營者的經營理念及基本戰略，否則這種架構將無法運作

圖 2-7-1　整體計劃與部門計劃的關係

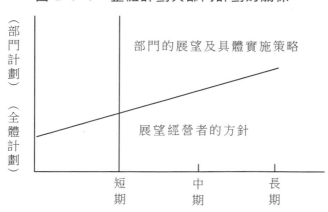

註：短期計劃是以部門計劃為中心所制訂，愈是中長期計
　　劃，經營者的構想總價愈多。

為了要能應對與本企業有關的環境變化，一個能讓經營者立即指揮的企業體制，是非常重要的。相對的，部門管理者在戰略性管理方面必須加強。

在制訂經營計劃時，必須脫離過去(Top→down)「上級指示、下級執行」的型態。也就是說，經營者由外部環境分析的結果中所發現的商機，配合企業本身的能力，從而制訂出達成基本戰略所必要的各部門個別戰略，脫離經營者依照企業經營哲學指示事業方向的方式，幹部參與計劃的制訂，把顧客放在最高的地位，而以顧客→部門→事業部門→經營者的型態去制訂基本戰略，進入同時參考消費者需求與經營意見的「Middle→Up」時代。

8 目標利益是起點也是終點

◎首先訂定希望水準

在年初的時候，訂定利益計劃，應將能促進企業安定成長所必需的利益作為目標利益，並設定達成此一目標利益所必需的銷貨收入。目標利益與目標銷貨收入之間的差額，必須足以應付所有的費用。因此可以說，所謂利益計劃，也就是將利益、銷貨收入、費用、資本等關係，作最有利運用的計劃。

對於企業的實績，在作損益計算時，經常採「銷貨收入－費用＝利益」的方式。但是，用這種方式來訂定計劃，即等於銷貨收入扣除費用之後，所剩餘的部份稱為利益。此種利益，並不是在事先所訂定

的目標利益。

　　在訂定計劃的時候，必須參考各部門所預估的數字，訂定出所需要追求的目標利益。在實際作業上，採行「目標利益→目標銷貨收入→目標費用」的方式是不夠的，必須調整為「目標利益→目標銷貨收入→目標費用→目標利益」的方式。

　　換句話說，不論所訂的目標利益是否能夠達成，總之在訂定利益計劃的出發點上，需要設定出目標利益，然後在作業上不斷地調整之後，決定出最後的目標利益。因此，目標利益是利益計劃的起點，也是終點。

　　不論是最初所設定的目標利益，或者是最後所決定出來的目標利益，都受到實績的影響。如果現在的業績非常不好，而訂定了過高水準的目標利益，則此一目標利益無法達成，在公司內會產生不相信利益計劃的氣氛。

　　儘管如此，如果將目標利益訂得過低，結果使得企業無法獲得所必需的利益，那麼企業的業績就會發生困難。容易達成的目標利益，不能夠稱之為目標利益。因此，在一開始的時候，需要設定適當的希望水準，然後檢討各種方法，盡最大努力找出能夠達成的水準，此一能夠達成的水準，才稱得上是目標利益。

◎調整之後作決定

　　從目標利益的設定，到目標利益的決定，其步驟有如圖 2-8-1 所示。訂定出目標利益案之後，就可以開始訂定利益計劃案。利益計劃案的具體內容，包括了預估損益表、資金計劃表、預估資產負債表等。在這一階段都是草案，因此所作成的財務報表，都是預估的性質。

同時，對次期的各種條件與狀況加以檢討，並研究達成利益計劃案的方法。例如，次期的景氣如何？推銷預測如何？推銷、生產、設備、人員、新製品開發、資金計劃等如何？是否能夠進行設備投資？所生產的製品是否划算？製品結構如何？是否能夠把重點放在邊際利益率較高的製品上？材料費是否能夠削減？內制與外包的比例如何？薪資的上漲率預估如何？人事費是否能夠削減？等等。

圖 2-8-1　從目標利益案的設定到決定目標利益的步驟

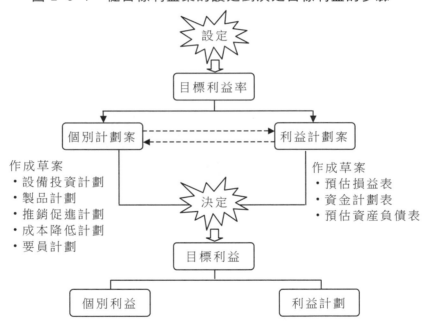

在作過這些檢討之後，可以訂定設備投資計劃、製品計劃、推銷促進計劃、成本降低計劃、要員計劃等。要想達成利益計劃，只要求員工要努力、要有耐性是不夠的。如果不積極檢討方法，那麼利益計劃，只能算是「會計計劃」而已。

在一開始所訂定的目標利益案，並不是最後所決定的目標利益

案，必須將目標利益案與利益計劃案、個別計劃案等相互調整，並配合全公司所期待的目標利益案，以及各部門的實際狀況，綜合檢討之後，才決定所要追求的目標利益。

9 何謂部門計劃

◎與基本計劃的關連

　　長期基本計劃，可以說是企業的總計劃。例如「三年後或五年後，要成為區域第一商店」的方針之下，所設定的計劃就稱為「長期基本計劃」。

　　根據長期基本計劃，第一年、第二年……在每個營業年訂立的計劃稱為「短期基本計劃」，這些內容也曾為各位做過說明。

　　那麼，這兩種計劃和「個別計劃」之間，存有什麼關係呢？個別計劃通常是銷售部門、財務部門、業務部門，每個部門所設定的計劃。此時只要依據長期基本計劃，便可訂立短期個別計劃，另一方面，在每個營業年，也可訂立其達成度的短期個別計劃。換言之，在個別計劃中，也有長期計劃和短期計劃。

　　對於長期基本計劃而言，個別計劃具有實施計劃的性格，呈現基本計劃所應有的態勢。個別計劃會根據問題點，提出具體的實施內容，使得問題得以解決。簡單來說，就是如圖 2-9-1 所示的關係。乍看之下，或許覺得關係錯綜複雜，但是其實並沒有特別困難之處。

圖 2-9-1　長期基本計劃與短期基本計劃關係圖

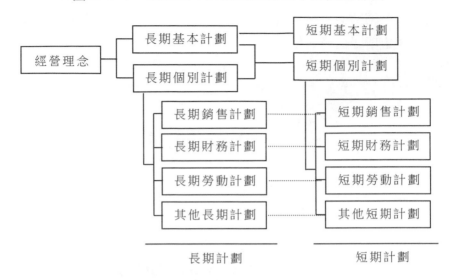

◎由實例瞭解個別計劃和長期計劃間的關連

T 公司是以酒類與食品為主體的零售店，負責人本著貢獻地區社會的信條，終日在外奔波。

自從六年前員工發生車禍，五年前附近設立大型超級市場，T 公司的業績便開始急劇惡化，至今仍留有後遺症。

由於發生這種意外事件，又沒有培育足以託付重任的後繼者，在致力於對外的業務時，也就無法兼顧內部的自己經營的信條。如表 2-9-1 所示，T 公司必須製作出得以重整旗鼓的長期計劃，並且確實加以實行。

表 2-9-1　T 公司的重整計劃

1. 基本方針

本公司的使命是對地區社會有所貢獻。為了完成這項使命，五年內要成為地區第一商店，所以必須穩固兼賣酒類的綜合食品店的基礎。

2. 基本目標(五年內達成)

(1)銷售

①為了保持食品的新鮮度，儘量減少庫存，降低損失。食品的商品週轉率，一年 30 回以上。

②整體的毛利益率，達到 20%。

③整體銷售額是 3 億元，一年平均成長率須達到 8%。

④從本公司傳統的以至現在的商品，酒類種類不可縮減。

(2)財務

①以內部保留方式為主，自有資本比率達 30%。

②努力減少借款，流動比率達 200%。

(3)業務

①不增加員工人數。

②勞動分配率訂在 40%以下。此數值可作為包括負責人在內，分配實際勞動時間的基準。

根據以上的方針和目標，策定每年的年計劃，計劃其年實施的重點項目，調整年個別計劃。

基本計劃的內容是長期個別計劃的目標：長期個別計劃是短期個別計劃的目標，必須維繫整體的平衡，掌握彼此的關連性。在此例當中，基本目標也就是個別長期計劃的目標，所設定的計劃，儘量要求易懂、易實現。因此，將計劃的整體系統定型化，徹底理解「理念→方針→目標→實施」的流程，擬定適合自己公司適性和規模的對策。

說到調整，事實上非常困難。例如：若要增加銷售量，勢必要有相當的人手，工作時間若再延長，人事費用自然就會上升。所以像這

種部門間的調整，必須不產生矛盾，並且有具體的內容。

在所訂立的計劃中，一開始便覺得某項目有矛盾之處的，宜先暫擱一旁，以有可能實現的計劃為前提。所以在檢討各年計劃時，要由環境條件和自己公司實力方面，作全面性的檢討，其中合適的部份再確實實行。

特別是各年的個別計劃，是無論如何都必須達成的計劃，所以年基本計劃就須看情況作適當調整，此時所訂立的利益目標，最常視為調整的對象。此一利益目標，主要是依據利益計劃和費用計劃訂立而成的，但是利益目標本身，卻未必以利益計劃和費用計劃為前提。不過年基本計劃既然負有調整的任務，利益計劃和費用計劃就成了年基本計劃的主要內容了。

表 2-9-2　年基本計劃

1. 基本方針 　為了改善公司的體質，必須儘量增加銷售額。同時努力減少借款，在年仍然繼續轉移負責人的債務負擔，暫不估算增加內部保留。 　2. 基本目標 　⑴銷售 　①年最重要的項目，是訂立比去年提高 10%的銷售額目標。 　②年毛利益率至少不低於去年水準，尤其要特別注意減少庫存。 　⑵財務 　①努力減少借款。特別是短期借款中的 3000000 元，繼續轉移負責人個人的債務負擔，降低利息的支付。 　②年不估算內部保留，也不進行分配。 　⑶業務方面則是實行長期計劃的方針。

利益計劃是設定利益目標，並使其能夠實現；而費用計劃是指為達成利益目標時，計算出必須花費多少費用，或是控制在某個限度以

內的計劃。因此，年個別計劃中主要的銷售計劃，是包括利益目標和銷售目標。而業務計劃、財務計劃也是與費用有直接關連的計劃，所以利益目標的設定，可說是完成一項調整任務。

10 部門計劃的製作流程

首先正確把握住自己公司以往的實績，並加以分析。又，外部經濟、景氣情形、業界動態、市場動態等，對經營所可能引起的影響，也有加以預測或調查的必要。這些都是計劃的基礎。此外，凡有長期計劃的地方，尚須根據實績與預測，調整今後長期計劃的修正。將制度流程列成略圖即如下圖 2-10-1。

圖 2-10-1　部門計劃的製作流程圖

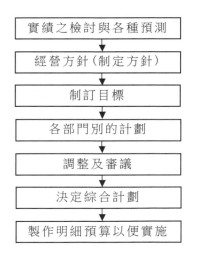

◎實績的分析是計劃的基礎

下面是研究制訂計劃的幾項重要基礎。

1.為計劃而做決算

決算並不是為應付稅捐機關而作的。但實際上,有許多公司的決算都是為應付稅捐而作的。

本來,決算的目的是在於瞭解該期間的經營成果與期末的財政狀況,以便決定今後的方向或計劃等。核查經營成果的是損益計算,瞭解財政狀況的是資產負債表。

2.以真實的經營計算為根本

我們時常可以看到一些公司,為瞞騙稅捐機關而做假帳,以致真實的經營計算都無從把握。如此就失去正確計劃的基礎了。

決算文件(資產負債表、損益計算書、製造成本報告書、利益處分計算書)是每天根據交易事實,依會計原則的手續記錄、計算而總結,再加經營者的判斷所作的。

會計記錄的事實、會計手續、經營者的判斷,就是決算的三因素。而這決算,無論就經營計劃的結果或是經營預算的結果來說,非是真正的決算不可。但事實上,有許多公司卻把決算的工作,任由會計師或是會計部經理去做。殊不知決算的事,非有經營者的判斷,即不能成為決算。不過,在錯誤的判斷下,授意作逃稅行為的經營者,其對決算雖有判斷,卻稱不上是正當的決算。

為逃避稅款而經營的人,是一種愚蠢的人。但事實上,因逃稅而被稅務當局發覺後,方才醒悟過來的人,似乎也有很多。設法節稅是應有的措施,逃稅就不應該了。逃稅的事,不僅行為觸法,還要使本

身經營失去本來面目，而且也做不好真正的決算，更做不出正確的經營計劃。大凡這種公司，都不會有什麼好計劃，甚至還設有兩套帳簿、三套帳簿，或是兩套計劃、三套計劃等。

3.決算、經營分析與計劃之結合

有一類對自己的經營懷抱過大信心的人，最喜歡說些過當的話。但事實上有許多公司，都因金利過大病、借款過大病、赤字病，總資本肥大症等，陸續不斷的離開市場。若說決算是永生的經營體，那麼我們可以說，經營分析就是企業經營的 X 光檢查，或是心電圖，或是徹底的檢查了。

故此，無論從健康檢查方面來說，或是從節稅政策來說，經營分析都是必要的事情。再就開拓經營的前程或是奠定計劃的基礎來說，也是不可或缺的事情。

S 公司曾於過去十年間，連續做了經營分析比較，以此經營分析比較，制訂了以五年為期的長期計劃，後即根據這種長期計劃推進年計劃，因而達成內容極為充實的飛躍發展。另一家 Z 公司則以圖表分析比較計劃與實績，適時推出對策，徹底實施他的圖表管理法，因而收到非凡的成果，不僅被日本中小企業讚揚為模範工廠，更被指定為日本工業標準規格的工廠。

年計劃的結果就是決算的實績，決算的實績就是事業經營的一個里程碑，也是一個段落。因此，決算、經營分析而後，經營體就必須決定次一政策或是計劃。根據經營分析所作的政策或計劃，既有科學的根據，又有堅強信念的支持。因此，其所具有的強烈的說服力，實非一般任意的計劃所可比擬。從另一方面來說，企業體內所帶有的種種病症與病源，若不經過一番經營分析，也是無法查明的。

依照此一次序，運用正確的決算數字，實施經營分析，力求加強

明日的企業體質與抵抗力,推出萬全的對策與計劃。這就是今日經營的最重要課題。今天的企業體質的徹底合理化,就是明天飛躍發展的基礎?

圖 2-10-2　經營計劃的流程

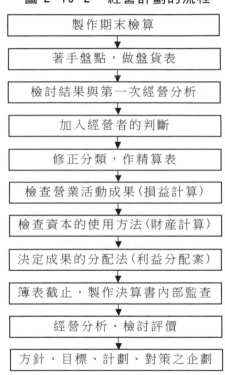

| 製作期末檢算 |
| 著手盤點,做盤貨表 |
| 檢討結果與第一次經營分析 |
| 加入經營者的判斷 |
| 修正分類,作精算表 |
| 檢查營業活動成果(損益計算) |
| 檢查資本的使用方法(財產計算) |
| 決定成果的分配法(利益分配案) |
| 簿表截止,製作決算書內部監查 |
| 經營分析、檢討評價 |
| 方針、目標、計劃、對策之企劃 |

◎標準的次序與日程

　　每家公司所定的次序與日程都是千差萬別的,不過,這也只是細節而已,就大綱要來說,是沒有差異的。

　　下面敍述比較標準的次序,以及其所需要的日程。請看表

2-10-1。不過，這並不是一般中小企業所普遍使用的。這只是個參考，希望大家根據自己的經營制訂標準次序與日程。

表 2-10-1　制訂年計劃的標準次序與日程表

次序	計劃項目	制訂者	制訂所需日數
1	實績檢討與各種預測。	由各關係者向總經理報告	10～20 日
2	經營方針	總經理或是董事會	10～20 日
3	目標	同上	同上或並行
4	各部門計劃	根據 1，2，3 的情形，由各部門負責人制訂。	10～20 日
5	明細預算	根據 4 之情形，由各部門(會計或企劃)計劃。	10～20 日

註：須時 40～80 日之久，因此，須於新事業年開始前，3 個月或是 2 個月前著手準備。

◎擬案、審議、決定的方法

計劃的擬案、審議、決定等，假如是小企業，可以由總經理一手包辦都無妨。不過，即使是小企業，也有多達 10～100 人的。凡是人員較多的小企業，擬案與審議等事情，可邀同幹部參加，最後的決定則應由總經理自己來決定。

假如是中小企業的話，那麼，擬案可由幕僚負責，審議交由系列負責人主持，決定則可採用會議制度(但最後決定則應由總經理決定)。方法要逐漸的較為複雜起來，這是一般的情形。

這裏有一件事情，是必須注意的，即假如變成幕僚專制(好比企劃室、總經理室或是會計部等，過於獨行獨斷)時，在實施過程中，必然會節外生枝。這是我們需注意的地方。為要防範這種情形，在制

訂過程中，必須邀請系列負責人參加，建立眾志一心的工作姿態，以團結全公司所有的力量。

    1. 誰是負責制訂的人？與誰相關？何時完成？

    2. 已擬的草案需如何審議？有誰需參加？何時審議？

    3. 審議結果，需如何調整？由誰負責調整？需於何時調整完畢？

    4. 調整案是否需再次審議？如何決定？

心得欄

第 三 章

各部門年度計劃工作的製作要點

1 「做什麼？做多少？怎麼做？」

觀察訂定計劃的實例，可以發現到，往往將重點放在銷貨收入、利益、利益率等的預估上，但卻輕視達成這些目標的方法。有許多公司所訂定的計劃，僅僅是操作數字或者使數字在計劃上相互吻合而已。

產生這種現象的最主要原因，是因為其作業方法，多半是由企劃負責人訂定計劃，訂定好的計劃由經營者過目予以認可而已。換句話說，也就是企劃負責人的工作，就是訂定計劃，訂定計劃是他不得不去做的一件工作，做這件工作之前，經營者並未給予任何指示，因此，企劃負責人只能用過去的數字作參考，訂定出今後的預估數字。

此外，訂定預估數字是一件非常容易的工作，但是，研擬出能夠達成預估數字的方法，則是一件非常困難的工作。訂定預估數字非常簡單，只要「把銷貨收入比現在提高 10%」、「成本降低 5%」就行了，

可是，要達成這些目標，則必須有具體的方法。具體的方法是很難研擬出來，同時也很難實行的。

有的人認為「將來的事情未可預料，只要靠努力與耐性就夠了」，即使作如是想，但是要怎麼努力呢？總得想出努力的方法，否則就無法訂定出計劃。計劃的內容應當包括了「做什麼（目標專案）、做多少（目標水準）、怎麼做（方針、策略）」。

2 銷貨額之收益性分析

「高明的賺錢法」，第一要使獲利最多，收益性最高。第二要使資本投入最少，效率性最大為其要訣。

從銷貨賺取利潤之比率愈大，收益性愈高。故分析收益性大小，必須比較銷貨額與各階段利潤或費用之關係，來做判定收益性優劣之依據。

企業之利潤乃由銷貨額減去銷貨成本及各項費用後之餘額。因此要促使利潤提高，首先必須將銷貨額提高，銷貨額愈大，利潤才會愈多。例如：銷貨額為 100，利潤為 10 時，利潤率為 10%；如銷貨額提高為 150，那麼利潤即為 15，而利潤率不變。若無法提高銷貨額，則必須設法提高利潤率，否則利潤將無法提高。若利潤率能提高為 15% 時，雖銷貨額仍為 100，那麼利潤亦可提高為 15。故隨著銷貨額之增加，利潤應增加多少，亦即利潤佔銷貨額的比率提高多少，就是企業的收益性。

所謂收益性分析，即分析各階段利潤佔銷貨額的比率，以判斷各

階段所能創造利潤的功能。簡而言之，收益性分析乃以銷貨額正常利潤率為基礎，分析其與銷貨額和各階段利潤或費用之關係。現舉銷貨額正常利潤率的計算公式來加以說明。設銷貨額為 100000 千元，正常利潤為 10000 千元時，銷貨額正常利潤率為 10%。

銷貨額正常利潤率＝正常利潤/銷貨額

＝10000 千元/100000 千元＝10%

正常利潤為表示企業正常活動之業績，亦即企業正常收益力指標。

收益性分析即以銷貨額正常利潤率為基礎，進一步分析銷貨額與成本暨費用等相關比率。如銷貨毛利率、銷貨成本率、製造成本構成比率、銷貨額營業淨利率、銷售及管理費率、廣告費率、利息費用率、本期利潤率等各種比率，以供判斷經營業績良好的依據。

由銷貨額減去銷貨成本之差即可算出銷貨毛利。銷貨毛利佔銷貨額之比率稱為銷貨毛利率，簡稱毛利率，為企業銷貨收入開始產生第一階段的利潤。若僅算到這一階段的利潤，對企業經營上並沒有什麼幫助，因為它只是營業活動中最基本的生產活動所產生的利潤。例如：以成本 80 元製造之成品，或購入之商品 80 元，以 100 元出售，其差額 20 元，即為銷貨毛利，則毛利率為 20%。其計算公式如下：

銷貨毛利率＝銷貨毛利/銷貨額

＝20 元/100 元＝20%

上式所求之毛利率，銷管費用包含在內，所以非純淨利，必須扣除銷售活動、管理活動、財務活動等有關之銷售管理費用及營業外收支等各階段之費用後，才能確定真正的純利益。故又稱最粗之毛利益。基本上毛利率愈高，且各階段費用能控制得當，則各階段利潤也會愈高。唯各產業別因銷售之產品不同，其毛利率亦有差異，各行各

業各有不同的經營特色,所以無法確定毛利率標準。例如:房地產業或寶石業,其投入價值頗大,但投資回收較慢,其毛利率當然較高。反之,一般買賣業,其週轉之速度較快,毛利率必然較低。製造業則因加工層次及產品之附加價值高低不同,其毛利率亦有顯著之差異。

人力密集之產業毛利率較低,技術密集之產業毛利率較高。同業間之毛利率亦有不同者,應加以比較分析才有意義。

不同行業之毛利率高低不同,若營業額不變,其利潤受毛利率變動之影響甚大。例如:銷貨額 100 億元的企業,若毛利率變動 0.5%,即影響利潤增減 5 千萬元;若毛利率變動 1%,其影響利潤增減即高達 1 億元。經營者如果要確保利潤,在經營策略運用上,必須掌握影響毛利率變動之因素。

3 投入資本之效率性分析

要「賺得高明」除了使收益性愈大,經濟性愈高之外,投入資本愈少,效率性愈高亦為「高明的賺錢法」。所謂經濟性是指投入多少資本能創造多少利潤之意,而經濟性是否良好,須以投入資本多少,能創造多少利潤來衡量。投入資本愈少,創造之利潤愈多,表示經濟性愈佳,亦即投資效率愈高企業常為擴大經營規模,不惜投入大量資金,購置土地,廠房、機械設備、材料或製成品(庫存)等,卻忽略了有效規劃及運用生產資源,以致投入龐大的設備,未能充分利用而閒置,形成投資的浪費,顯然未注意資本之效率性。

企業應有效運用投入最少之生產資源,發揮最大之經濟效益,提

高資本之運用效率，並分析其與銷售額和各種資產間之關係，進而判定其經營業績優劣之方法。

　　企業乃以投入資本，運用資本作為賺取利潤之工具。故不論是自有資本或外來資本，只要能將投入的資本運用於經營活動，即購入設備、原材料、僱用員工、加工製造成產品，最後銷售出去，再收回貨款，以賺取高額利潤，為其終極目標。

　　從企業接受顧客訂單開始購料、僱用人工、製成產品，然後銷售給客戶，收回貨款。這個過程我們稱之為一個資金循環，或一個週轉期間。企業即反覆運用這個資金循環過程來創造利潤，週轉的次數愈多，表示資金的運用效率愈高。故盡可能以較少的資本投入，而促使銷貨額提高，則週轉率愈高，其資本的運用效率就愈大。

　　企業投下資本，購買原材料，製成產品，或購入商品再銷售給客戶，一年內運用資本週轉幾次，稱為總資本週轉率。其貨款回收期間之長短，叫做週轉期間。

　　企業經營上常發生因購入機械設備、原材料、商品庫存增加而凍結資金或銷貨債權無法回收，造成資金之短缺而週轉困難，使資本週轉減緩或週轉期間過長，形成資金運用效率低落或週轉脫節。故必須設法縮短週轉期間加速其週轉，或提高週轉率，才能維持正常營運。某公司資本 200000 千元，運用這些資本製造單價 1000 元的鋼筆 10 萬支，設全部銷售出去，則銷貨額為 100000 千元；如果製造 20 萬支亦能全部出售，則銷貨額為 200000 千元。出售鋼筆 10 萬支之週轉率為 0.5 次，20 萬支時之週轉率為 1 次，也就是說出售 20 萬支時的資本運用效率高（較能有效利用）。

　　測驗資本使用效率之方法，稱為效率性分析。效率性分析乃以總資本週轉率為基礎，分析總資本與銷貨額之關係；因總資本等於總資

產，故總資產內之各資產與銷貨額之關係，亦可分別計算其週轉率，以瞭解資本投入後之運用效能。

4 企業安全性之分析

　　企業經營分析如僅考慮「賺的高明」，而完全依賴「經濟性分析」，還是不夠的，必須要與「安全性分析」配合，才有意義。

　　安全性分析為測定企業償債能力強弱之分析。企業賺的再多，再高明，如果無法償還負債，或者償債能力薄弱，就是帳上保持黑字（賺錢），亦可能面臨倒閉。

　　以資產負債表為中心，就資產、負債及資本之關係，探討企業安全性是否優劣之問題。企業倒閉之原因，主要歸納起來有下列三種：

　　1.長期業績欠佳，持續發生赤字

　　由於赤字發生造成企業營運資金減少，此種狀態持續下去，將因資金不足，購入原材料及員工薪資無法支付而造成倒閉。

　　2.帳上看來賺錢，卻因帳款無法回收，造成「黑字倒閉」

　　在資產負債表和損益表上的本期純益再多，若因帳款無法回收而形成呆帳，就是純益再多還是落空，這種因週轉不靈之倒閉稱為黑字倒閉。例如：出售機器一部 300 萬元，付款條件為六個月，亦即六個月後才能收回現金。若每月出售兩台，則應收帳款為 3600 萬元（月銷貨額 600 萬元×6 個月）；設每出售一台機器，可賺 30 萬元，則半年的純益利可達 360 萬元（30 萬元×12 台）。從利益面來看，毫無疑問的帳面上會出現淨利 360 萬元。但因帳款仍掛在帳上，須六個月後才

能回收，使營運資金暫時凍結 360 萬元。在這期間須再循環購入之原材料及工資，就必須設法另籌財源來添補，否則營運資金即面臨脫節。如果資金來源籌措無著，很快的就迫使企業陷入週轉失靈，而造成「黑字倒閉」。

3.因意外災害或事件所造成

災害之發生，使機械、產品毀損，無法使用，重建困難，而造成倒閉。或因大客戶之突然變故，所引發之連鎖倒風，或因貨幣之升值壓力，財務無法支撐而引起之倒閉等均屬之。

以最經濟有效的方法運用其資本，創造更高的利潤為手段，此乃資本主義經濟下企業家所追逐的目標。換句話說：即如何以少量的資本投入，提高其經濟性運用，以賺取最大的利潤，完全符合現代企業的「高明的賺錢法」。但企業在此節骨眼上，如過分強調其經濟性而忽略安全性，亦有其危險性。例如：保有現金、銀行存款或有價證券等變現容易，且隨時可以使用之資金，為不使其閒置，與其儲存過多，不如將其償還高利貸款，雖較具經濟性。但為應付突發事件，必須考慮資金的安全面，不宜過分凍結資金的流動性，以防不測。因企業為維持正常經營活動之持續進行，通常必須支付原材料費、零件費及有關費用等，或設備投資與償還借款。其中若有一個環節脫離正常軌道，使經營活動無法順利進行，就會造成資金週轉失靈，而面臨倒閉之危險。所以經營者除了重視資金運用之經濟性外，還要注意資金的安全性，使資金之投入，一方面能做經濟性之運用，另一方面還要使資本之調度與運用能安全進行，使企業經常維持在「不致面臨倒閉」之穩定狀態。

從安全性分析之角度觀察企業償債能力的好壞，以判斷財務安全性之方法，應著眼於：⑴速動資產之實際償付能力問題；⑵基本財務

結構之潛在性長期償付能力問題。從這兩角度做短期觀察或長期透視，可能會產生不同的結果，但問題重心仍離不開企業本身的償付能力問題，應設法把握問題之核心，從基本體質改善去解決。

企業安全性分析乃以資產負債表為中心，分析其資產負債及資本相互間的關係比率，以瞭解企業安全性程度如何之分析。

5 企業生產率的分析

「銷售效率檢討表」中的各項目，與「成長性」或「獲利能力和成本」的檢討項目不同，並未記入連續損益表中。

因此，需使用連續損益表中各項目的金額來重新計算。

1.每位職工的營業額(一年)

首先，來看看每位職工的營業額。將年營業額除以職工人數即可得知。職工人數為利用前面職工人數計算表算出的數值。

在公司中，每位職工的營業額是每年增加或每年減少？請確定其趨勢。此數值愈高愈好，而且下一項的每位職工的銷貨毛利也必須要高，因為如果便宜賣出，每位職工的營業額雖然提高了，但每位職工的平均銷貨毛利卻未必會同樣提高。所以，此數值必須和下一個項目一同檢討。

2.每位職工平均銷貨毛利

將年銷貨毛利除以職工人數即可得之。

每位職工的銷貨毛利是愈高愈好，而且要確認其傾向是否為增加傾向。如果此數值低落，則表示人事費的支付能力降低，經常收益有

時甚至會出現負數。

3.每位職工平均界限利益

將年界限利益除以職工人數即可得之。

此數值也是愈高愈好，而且也需確認其傾向是否為增加傾向。每位職工平均界限利益，或是剛才的每位職工平均銷貨毛利，都是表示生產性的重要指標。

在《損益表項目的歸納法》表中，有將銷售管理費區分為變動成本和固定成本的情況與不區分的情況；但是，當銷售管理費不區分為變動成本和固定成本時，就不會出現界限利益。因此，這裏的每位職工平均界限利益也就無法計算出來。在此情況下，請以<界限利益＝銷貨毛利>、<每位職工平均界限利益＝每位職工平均銷貨毛利>來考慮。在買賣業中，因為銷貨成本幾乎全為變動成本，所以一般而言，這種考量就足夠了。

4.每位職工平均人事費用(一年)

將年人事費除以職工人數即可得之。此數值表示一家公司的平均薪資。因此，對職工而言，此數值愈高就表示薪資愈高；好是好，但當然需有其限度。

此數值是以剛才每位職工平均界限利益(或每位職工平均銷貨毛利)與後面出現之勞動分配率的關係來決定。一般說來，最好是比同業種的其他公司或社會中一般情形高。

5.勞動分配率

這是一種表示在界限利益中，有多少百分比是作為人事費用使用的指標。勞動分配率在 40～45%左右為普通，若超過了 50%，則難以確保最終收益(經常收益)。求出勞動分配率的計算公式如下：

勞動分配率＝人事費用÷界限利益

在買賣業中，變動成本如果僅作為銷貨成本時，則上列計算公式中分母的界限利益，就可與銷貨毛利置換。

接著，若將上列的計算公式換成每位職工平均人事費用和界限利益的話，則計算公式可表示如下；

勞動分配率＝每位職工平均人事費用÷每位職工平均界限利益

此計算公式意味著在確保高於競爭公司的薪資，並且盡可能不提高勞動分配率時，就必須提高每位職工平均界限利益，換句話說，也就是勞動生產性。

表 4-2　銷售效率檢討表

項目	計算公式	Ⅰ年 (/～/)	Ⅱ年 (/～/)	Ⅲ年 (/～/)	傾向
每位職工 平均(年)營業額	(年)營業額① ———————— 職工人數	千元	千元	千元	
每位職工 平均銷貨毛利	銷貨毛利⑥ ———————— 職工人數	千元	千元	千元	
每位職工 平均界限利益	界限利益 B ———————— 職工人數	千元	千元	千元	
每位職工 平均(年)人事費用	(年)人事費⑮ ———————— 職工人數	千元	千元	千元	
勞動分配率	人事費⑮ ———————— 界限利益 B	%	%	%	
每位職工 平均經常收益	經常收益⑩ ———————— 職工人數	千元	千元	千元	
職工人數	依職工人數計算表 算出之職工人數	人	人	人	
商品週轉日數	商品平均庫存額(※) ————————×365 營業額①	日	日	日	
每 3.3M² 賣場面積平均營業額(坪效率)	營業額① ———————— 專場面積	千元	千元	千元	

註：商品平均庫存額＝期初庫存額＋期末庫存額/2

6.每位職工平均經常收益

將經常收益除以職工人數來計算。

此數值愈高愈好。必須確認此數值是否有增加的傾向。

7.職工人數

利用「職工人數計算表」A 的記入方法，算出職工人數。

職工人數增減的優劣與否，其評價標準非僅以此為之，應與銷售效率的項目及前項所見之成長性的項目一起比較、檢討。

8.商品週轉日數

商品週轉日數為表示擁有相當於幾天份的營業額商品的指標。換句話說，表示從購入商品到售出，需經過幾天的時間。

在此,商品平均存貨額的計算是將連續損益表的期初與期末存貨額合計，再除以 2 來算出平均。當然，合計 1 年份的每月底存貨額再除以 2 是較為正確，但也較花時間。

將這樣算出之商品平均庫存額除以年營業額再乘上 365(日)，以求出週轉日數。

商品週轉日數愈短愈好，愈短表示商品賣出去的速度愈快。只是，在時間極短的情形下，因為也必須考慮商品可能經常缺貨，所以各個商品(群)必須定出標準值(安全存貨量)來加以比較。

9.每 3.3m² 賣場面積平均營業額

一般我們都稱之為坪效(率)，將年營業額除以賣場面積即可求得。每 3.3m² 賣場面積平均營業額愈高愈好，在此也必須確認其傾向。

就上述表示銷售效率的各項目整理出問題點，並加以歸納。

6 銷售計劃的製作與要點

◎為達成必要的利益而從事的銷售計劃

銷售部門的重任，亦即今日銷售計劃的重點，已經不僅僅是銷售量或銷售額的計劃而已。

一位營業銷售人員，是透過銷售的行為，將利益貢獻給公司。因此，時至今日，銷售人員的責任，已經不僅是商品或服務的銷售，並替公司收回賬款而已。

他必須體認到，銷售計劃的重點，必須是透過銷售行為，來謀取企業應有的利益。

更有系統地說，銷售的目的在於取得銷售利益。為使銷售有利益，就得重視商品計劃，再者就包括了銷售徑路計劃，及商品與銷售徑路之配合，並充分執行促進銷售的計劃。

更深入地說，透過銷售促進計劃，選擇商品及銷售的路線，用那一種銷售組織來實施銷售計劃？又要有多少數量的銷售計劃，以及訂價多少的售價計劃，均為整個銷售計劃中的重要內容。

首先要確定的，就是以利益為中心，銷售額必須達到多少，才可以達到利益目標？「本公司的銷售額要比去年提高 20%或 30%」？

推算的方式，是先估定本公司年的必要利益(目標)是多少？為達到此利益時，成本將花費多少？將必須提高的利益額，加上必須增加的成本額，就成為必要的銷售額。經營者及企劃幕僚必須徹底瞭解，因為這是銷售計劃中最重要的事項。

◎由總資本週轉擬訂銷售計劃

依綜合經營計劃的內容，以資本為中心擬定銷售計劃。譬如說，某公司有 10 億資本，其資本明年要週轉幾次？以之當作目標的尺度。

茲假定為 3 次週轉，則總資本為 10 億的企業，其銷售計劃應該訂為 30 億，當作明年的目標。這種方式，也就是以總資本為中心的銷售計劃。

大企業與新創企業，其年總資本週轉率應該在 1 次以上，而中小企業則必須週轉 2 次以上。如果是有意在今後大力拓展，則中小企業必須每年週轉 3 次以上，大企業每年週轉 2 次以上。

在日本企業之中，執行此種計劃政策最優秀的企業，首推松下電器貿易公司，五年前，其總資本週轉率在每年 5 次以上，1970 年預定為週轉 11 次。

◎松下電器以 10 億日圓資本達成 110 億日圓銷售額

松下電器貿易公司，資本額最初為 10 億，曾擬定要求達到銷售額 110 億的目標。

松下幸之助對這點的看法最為透徹。早在昭和十三年，對超額的銷售曾表示意見，就是愈快速出售，則愈可能使銷售量愈多。松下氏這種觀點，就是完全站在總資本週轉率為中心的銷售思想。在松下系統的關係企業，大多能遵行這種觀點加以實行，故今日都已變成達到國際水準效率的優秀企業。

說真的，要求繼續成長的企業，其年週轉率非在二次以上不可，

而中小企業要以三次週轉以上為目標，據以擬定銷售計劃。

第二種方式，是以銷售額必須創造多少利益為觀點，稱為「銷售額對淨利率的方式」，由此而擬定銷售量計劃。

這種方式至為簡單，先確定自己公司的必要利益額，由此年必要利益額，除以銷售淨利率目標即可得之。

例如：某公司預定年淨利目標訂為 3000 萬，其銷售淨利率以 10%為目標，則此公司之必要銷售額應以 3000 萬除以 10%，即 3 億，作為目標。

第三種方式，是以附加價值為中心擬定銷售計劃。這種附加價值中心的方式，首先要確立明年員工人數多少，再計劃出銷售額。

人員計劃既已確立，其次決定每一位從業員年附加價值應訂為多少？再設定明年附加價值率（附加價值÷銷售額×100）為多少%，如此必要銷售額就可以換算得出。

所謂附加價值率，也是公司產銷製品之有利性的表示尺度，也是勞動生產力的指標，與人員計劃關係極為密切。

茲有某家工廠，明年附加價值率訂為 30%，平均每人年附加價值為 180 萬，即平均每月每人 15 萬，從業員共有 100 名。

此公司必要銷售額可由下列方式計算，得為 6 億。

$$100 \text{人} \times 180 \text{萬} \div 30\% = 18000 \text{萬} \div 30\% = 6 \text{億}$$

如果此公司開發了新產品，而預定明年附加價值提高為 60%，則同樣 100 人，欲達到年附加價值 180 萬，其銷售額僅需 3 億已經足夠。

再從另外一個角度探討，此公司明年附加價值率仍訂為 30%，但由於執行省力化的設備投資，人員預定減少為 50 人，則每人年附加價值就升高為 360 萬，銷售額為 6 億的水準。這種方式是質的方面

改善，即是薪資基準的改善，每人的附加價值都達到 100 人時的 2 倍。

這種關係，是以附加價值為中心，推算出必要的銷售額。這與人員計劃、生產力、商品獲利率三項密切結合，也是需要清楚規定出來的。

如上所述，銷售計劃應以利益為中心擬訂，第一種方式是以總資本週轉率推算銷售額，第二種方式是以銷售淨利率為中心，去算出銷售額，第三種方式是以附加價值為中心換算出銷售額。

◎由年計劃再細分到月別、部門別計劃

迄今為止，僅以討論年計劃的銷售額為限。實際上，應該再細分為月份別計劃，才可能真正實施。

最好的方式，是把年計劃逐步細分，先做成月份計劃，再細分為部門別計劃，商品別計劃，視需要還可以再細分為銷售員個別分配的計劃，這幾種做法，以下逐次說明之。

一般人可以運用最小平方法，線型計劃法（Linear Programming）（簡稱 LP）以及 OR 法（Operation Research），但這些方法大多要運用相當的高等數學技巧，常常無法使一般高中畢業程度的業務員理解，也不易被接受。如果要使他們接受，則必須花費很多時間、精力去說明，解釋此計劃的根據理論及計算方法，頗為不易。

要從事計劃，必須使實際運用者能充分理解及接受，這是基本原則。如果空有良好的計劃，但沒辦法獲得理解接受，則根本就無法實現，即使免費實現，效果也未必良好。

◎任何人都容易理解的季節構成比率調整法

到現在為止，還有一些公司仍運用最初步的月份計劃，譬如年銷售額 1200 萬，則每月銷售計劃以簡單平均法，設定為每月 100 萬，這種方式是違反實情，也是不自然的。不管是那個行業，那家企業，都有其特有的季節變動。如果無視於這種季節變動，而進行設定月份計劃，則簡直毫無常識。

其實，季節月份構成比率高速法並不很困難，而且是相當理想的方式。即使要細分為部門別、地域別、日期別、內銷或外銷，或者客戶別的計劃，此技巧均很適用。

運用以上方式設定銷售計劃之後，則可以配合商品分析，以及各商品的銷售路徑，銷售促進方案等各種方法，達到此計劃目標。譬如說，配合電視廣告宣傳計劃，以及各種贈品方式等促銷活動，如何配合，如何實施是計劃的要點所在。

運用季節變動調節法，或季節構成比率調整法，可能是較佳的方法。

這種方法是將過去三年間每月份的銷售額加以總計，以每年總額為 100%，而找算一月份的構成比率是多少%，二月份的構成比率是多少%。譬如說，某年銷售額共為 1200 萬元，以這 1200 萬元為 100%，則一月份銷售額為 7.5%，二月份為 7.0%，三月份為 9.3%，四月份為 8.9%。由此方式換算出年 100%時各月份銷售實績構成比率。

如果明年準備設立分公司，有擴展銷售量的計劃時，假定一般情況無太大變化，則月份銷售計劃可以用過去的實績，以構成比率的 7.0%到 8.0%，作為計劃及修訂之基準。

這種方式，是運用過去三年間的月份構成比率，以計劃次年的年銷售額及月份銷售額。譬如說，明年預定銷售額為 2000 萬元，二月份構成比率修正為 8.0%，則該月份銷售額應該達成 160 萬元。

讀者可利用季節月別構成比率之調整，來設定月份銷售計劃。

◎沒有回收計劃、就等於沒有銷售計劃

在進行上述各種計劃時，千萬要同時記得賬款回收計劃，所謂「無回收就不算銷售！」在銷售活動之中，回收是非常重要的項目，而賬款回收問題又影響到公司全盤的經營，對於總資本週轉率，以及獲利率之提高方面，也有影響。

回收的計劃，應該以回收率以及應收賬款滯留日數為準。

所謂回收率，就是指以本月份應收賬款餘額，加上該月份銷售總額，除以該月份回收總額，乘以 100%而得。

當然，回收率 100%是很不容易的，但平常至少要在 80%以上才算及格，也必須以 80%以上為計劃目標。

◎每月縮短一日的計劃

其次要論及應收賬款滯留日數。這是以應收賬款餘額創造以月銷售額或年銷售額而得的數字。

此項應收賬款滯留日數，最好能有計劃地每年縮短，譬如定每月縮短一日份的目標，當然，週轉率愈高，利益率必然也愈高。從資金回收計劃方面來看，這種方式對自己金融的控制策略有很大的助益，因此，回收率及應收賬款滯留日數的計劃非設立不可。

再者，對邊際利益率的提高計劃也很有關係。這種邊際利益的意義，是以銷售額減去變動成本，除以銷售額，乘以 100%而得。此比率愈高，則銷售的生產力也就愈佳。

◎提高獲利力的計劃也有必要擬定

在競爭激烈化的今日，吾人應有適當的對策。這些對策如表 3-6-1 所示，最好以三個月或六個月為期，編制主要商品別之獲利分析計劃，作為檢討的依據。

表 3-6-1　銷售獲利力計劃檢核表

商品別	期別	銷售額順位	邊際利益額順位	邊際利益率順位	交叉比率之順位
①	上半期	第　位	第　位	第　位	第　位
	下半期				
	年				
②	上半期				
	下半期				
	年				
③	上半期				
	下半期				
	年				
④	上半期				
	下半期				
	年				
⑤	上半期				
	下半期				
	年				

備註：1. 邊際利益＝銷售額－變動成本

　　　2. 邊際利益率＝邊際利益÷銷售額×100%

　　　3. 交叉比率＝毛利率×存貨週轉率

◎確立符合經營方針與利益目標的銷售方針

我們不能僅求提高銷售數量與銷售金額。我們必須隨時記住，推銷的最大任務，就是增進公司的利益。因此，努力經營毛利與邊際利益較高的商品，有效地運用銷售費用，並不斷地提高銷售利益率或銷售邊際利益率，就是推銷工作的使命。

我們根據自己公司所經營的商品的景氣，或是根據經濟的動向調查與預測，以及商品市況的調查與預測等，欲以達成經營方針或綜合利益目標時，就銷售而言，需要些什麼具體的方針呢？

只要把以往所經營的商品，銷向舊有市場就可過日子的時代，已成為過去式了。因此，確立強力的銷售方針，已是絕對必要的事情。

首先所要做的是分析銷售實績，需分析的項目如下：

· 推銷員一個人的銷售額
· 單位面積的銷售額
· 推銷員一個人的利益額及利益率
· 推銷員一個人的銷售費額及銷售費率
· 商品別銷售額對毛利益率、銷售費率、銷售額
· 商品別商品週轉率及銷售額、庫存額
· 商品別退貨率
· 商品別銷售額成長率
· 商品構成比率及銷售額與邊際利益等
· 部門別銷售額
· 部門別銷售額毛利益率、銷售費率、邊際利益率
· 顧客別、商品別、邊際利益等之 ABC 分析

- 銷售額對折扣比率(商品別、顧客別、部門別)
- 銷售額對償還呆帳率(商品別、顧客別、部門別)
- 銷售額對銷售促進費率(商品別、顧客別、部門別)
- 銷售額對新商品比率(商品別、顧客別、部門別)
- 銷售部門人員的學歷別、經驗別、性別、年齡別、人員構成比率、工資基準、出動率、就職率、辭職率等
- 品種別庫存、保管狀態、庫存年齡
- 應收帳款之年齡(商品別、顧客別、部門別等)
- 廣告宣傳、公共關係、媒體實績
- 商品別、顧客別的佔有率
- 促進銷售的實績
- 銷售計劃之達成實績及其原因
- 損失賠償、訴願之傾向
- 與生產之間的狀況協調
- 市場調查
- 流通通路
- 競爭品、競爭公司、競爭業界
- 運輸情形
- 消費構造之變化
- 季節變動之變化

　　以上雖列著許多項目,實際上並不必全部都分析,只要選擇其中自己公司所最需要的項目,作好有益於銷售方針的分析就行了。其次,請就下列項目,確立你的具體方針。

- 商品方針
- 價格方針

- ・商品別銷售方針
- ・銷售通路方針
- ・銷售組織方針
- ・有關銷售促進的具體方針
- ・廣告宣傳方針
- ・銷售費方針
- ・訓練方針
- ・收款方針

列舉一個商品方針的例子：需以 A 商品 1 億元、B 商品 5000 萬元、C 商品 3000 萬元，共計 1 億 8000 萬元為必須達成的方針。其他商品的銷售則定為 2000 萬元。A 商品是本年擴大推銷的主要商品，與去年相較，必須提高至 180%。市場目標是××與××。

這樣就可以知道制訂方針的要領了。其他的方針也可以如此的制訂出來。

◎銷售計劃的內容

若是小規模企業，或許只要有銷售額計劃就能收到很好的效果。不過，我們所需要的並不是卓越的計劃，我們所需要的是計劃所能產生的效果。因此，檢討計劃的內容時，就要根據這個觀點來檢討了。

銷售部門一定要有銷售計劃，但一般中小企業卻仍然喜歡他們的那種銷售至上主義。

銷售計劃的一項重要作用，就是要經由各種銷售分析，排除看不見的種種損失，發掘未曾發現的利益。所以我們必須制訂以利益為中心的銷售計劃，然後集中全力去實施。「銷售額－銷售費用＝銷售利

益」，這種舊觀念非要斷然揚棄不可。斷然揚棄的方法就是斷然採取利益中心主義的新觀念，這新觀念的基礎就是「計劃銷售的利益＋可以允許的銷售費用＝推銷額」。我們必須站在這種基礎上，加強實施銷售計劃的決心。

其內容可以簡單明瞭地列成圖 3-6-1。提高銷售利益的關鍵，在於以銷售利益計劃為主軸的各種銷售計劃之制訂。

圖 3-6-1　銷售計劃之內容的概要

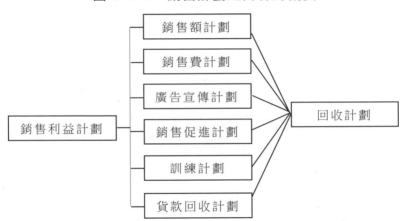

謀求邊際利益也是一項很重要的事情。至於銷售費，亦應有變動費與固定費的分解計劃。不過，銷售計劃的最重要內容還是在於銷售促進計劃。為要獲取銷售利益→要把什麼東西（商品計劃）→向那裏（通路計劃）→以什麼價錢（售價計劃）→多少數量（銷售計劃）→如何的（銷售促進計劃）→由誰（銷售組織的計劃）→來賣。這就是銷售計劃的內容了。

◎銷售部門計劃的製作方法

假使是小企業的話，可由總經理和會計；假如是稍具規模的中小企業，則可由總經理、會計或營業部經理等；若是中堅企業，則應由職司其事的董事，或是直屬幕僚、銷售課長、推銷員等等彼此通力合作，製作銷售計劃。若是從事估計生產的公司，或是商社關係的公司，那麼，其銷售計劃還須斟酌考慮生產與採購方面的問題。假如是受訂生產或是受訂銷售商社，則必須根據受訂計劃制訂銷售計劃了。從大體上來說，消費財部門比較多計劃生產形態的公司，工業財、資本財、投資財部門，則比較多受訂生產形態的公司。

銷售計劃不能是「銷售額－銷售費用＝銷售利益」，而應是「銷售利益＋可以允許的銷售費用＝推銷目標」。其演算法，要用下列的算式比較正確，而且可以簡單地把銷售額計算出來。

1.損益平衡點方式

推銷計劃額＝(目標利益＋目標固定費)÷[1－目標變動費÷目標推銷額(X)]

2.銷售利益率目標方式

推銷計劃額＝[(年間純益目標＋年間營業外收支目標差額)±銷售變動費　銷售固定費]÷銷售利益率目標

3.純益率方式

銷售計劃額(X)＝目標純益額÷銷售利益率目標

如此所算出來的銷售計劃額，需加以檢查，看看是否符合公司的綜合方針或目標，並加以調整而後製作銷售明細計劃，以便將來付諸實施後，能確實兌現。

(一)銷售額計劃

受訂生產產業,可運用下列方法制訂受訂計劃,再根據以其為基礎的銷貨計劃。

把上述的關係簡單明瞭地表示起來的即為圖 3-6-2。

損益平衡點方式、銷售利益率方式、純益率方式等,我們可以根據其制訂銷售額計劃。這銷售額計劃,若與自業界或商品別之平均增加率所算出的數值,及根據以往之實績的傾向預測值等比較、調整、決定之後,必須分別作出月別、商品別、部門別、顧客別的明細計劃。這時需詳細檢討商品狀況、部門別推銷力、顧客動向、推銷員推銷力等種種因素。並綜合單純平均法、季節指數調整法、波基體制,而後才能做最後的決定。

圖 3-6-2　受訂生產產業計劃圖

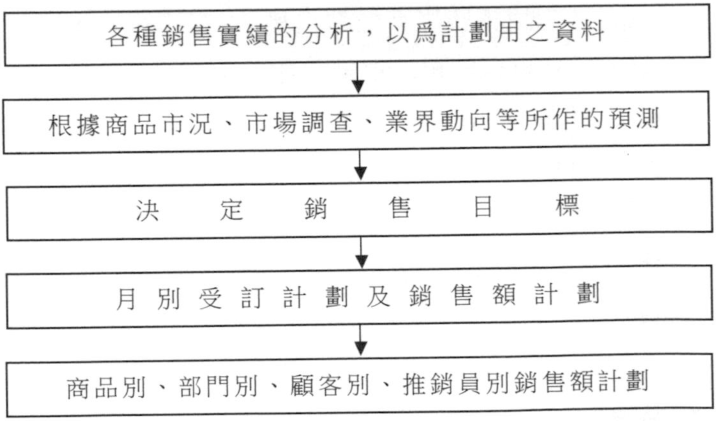

各種銷售實績的分析,以為計劃用之資料

根據商品市況、市場調查、業界動向等所作的預測

決　定　銷　售　目　標

月　別　受　訂　計　劃　及　銷　售　額　計　劃

商品別、部門別、顧客別、推銷員別銷售額計劃

所謂單純平均法,就是年銷售額除以 12(12 個月)的簡單的方法,是在季節變動較少的時期所使用的一種方法。比如說,年銷售額是 1200 萬元,那麼,一個月份的計劃就是 100 萬元了。不過,這種方法太過簡單了,實際上並不很適用。

　　所謂季節變動法，是把年銷售額定為 120，自以往 3～5 年的銷售實績，算出每月的銷售額指數，然後以此指數來做的一種方法。使用年銷售額為 100 的每月的構成比率也是一樣的。舉一個例子來說明：假定某個公司的年銷售目標是 1200 萬元，若是用單純平均法，每月就是 100 萬元；若是運用季節指數調整法，那就變成很接近季節變動的計劃了。

表 3-6-2　季節變動調整法

（單位：萬元）

月份	第1年實績	第2年實績	第3年實績	實績合計	實績平均	季節指數	構成比率	指數	計劃
1	168.5	154.0	180.0	502.5	167.5	90%	7.5%	90%	90%
2	157.5	143.5	168.0	469.0	156.3	84%	7%	85%	85%
3	219.6	189.9	213.6	623.1	207.7	112%	9.3%	110%	110%
4	192.2	185.7	218.4	596.3	198.8	107%	8.9%	100%	100%
5	142.2	173.1	187.2	502.5	167.5	90%	7.5%	97%	97%
6	199.6	194.1	216.0	609.7	203.2	109%	9.1%	109%	109%
7	214.8	189.9	218.4	623.1	207.7	112%	9.3%	102%	102%
8	148.9	154.0	172.8	475.7	158.6	85%	7.1%	95%	95%
9	142.0	160.4	180.0	482.4	160.8	86%	7.2%	90%	90%
10	208.4	177.2	204.0	589.6	196.5	105%	8.8%	101%	101%
11	185.9	177.2	206.4	596.5	189.8	102%	8.5%	103%	103%
12	210.4	211.0	235.2	656.6	218.9	118%	9.85	118%	118%
年計	2190	2110	2400	6700	186.1		100%		
上記的是根據實績的指數。									
下記的是調整過的指數，即是根據這種指數所作的月別計劃（12 個月）。又，不用指數而用構成比率也是一樣的。									

表 3-6-3 銷售計劃表

			1月	2月	…	11月	12月	合計	比率
銷售數量	部門別	直售							
		特約店							
		代理店							
		小計							
	地域別	關東							
		關西							
		小計							
	品種別	A							
		B							
		C							
		小計							
	內外需別	內需							
		輸出							
		小計							
銷售金額	部門別	直售							
		特約店							
		代理店							
		小計							
	地域別	關東							
		關西							
		小計							
	品種別	A							
		B							
		C							
		小計							
	內外需別	內需							
		輸出							
		小計							
	加工收入								
	合計								

波基體制是根據銷售負責人的申報所作的一種計劃。

無論那種方法，最重要的是一定要綜合這些方法來決定。

月別的計劃，可劃分為商品別、地區別、部門別，最後就分配給推銷員。

不過，生財部門或是製造部門的銷售，也有不分配給推銷員的情形。其實應該分配給推銷員才好。最近的銷售員也有組織團體推銷的，凡此情形就可以採取團體推銷分配製。上表 3-6-3 是銷售額計劃表的一個例子，我們一定要依照該表的格式，把數量與金額做出詳細的計劃。因為我們必須經由銷售來確保利益，所以我們不能為銷售而銷售，必須追求商品別、顧客別的利益與循環率。

(二)提高利益率與循環率的計劃

因此，自邊際利益的提高計劃而言，應該要有商品所有的利益率的計劃。而自銷售額計劃而言，也應有提高銷售利益率計劃與提高商品循環率的計劃了。這提高循環率計劃與庫存計劃有極密切的關係。尤其是在商社方面，這一點頗被重視。

銷售利益率的計算方法如下：

銷售利益率＝銷售利益－（銷售變動費＋銷售固定費）/銷售額

商品循環率則為：

商品循環率＝銷售額÷商品庫存額

至於「銷售利益率×商品循環率」，其積稱作交叉比率，是評判銷售成績的準繩，其積越大越好。

如何將這銷售利益率或商品循環率等應用於商品別或顧客別，是極為重要的事情，同時也是銷售費計劃的一個重要條件。表 3-6-4 就是這些計劃的一個例子。

表 3-6-4⑴ 銷售利益率與商品週轉計劃表

計劃項目 摘要	商品別							
	A		B		C		合計	
	計	實	計	實	計	實	計	實
A（千元） 銷售計劃	10000		8000		2000		20000	
B（%） 銷售構成比率	50		40		10		100	
C（%） 銷售利益率目標	5		8		10		6.7	
D（千元） 銷售利益計劃	500		640		200		1340	
E（%） 銷售利益構成比率	37.3		47.6		15.1		100	
F（千元） 庫存標準	1000		500		400		1900	
G（回） 商品週轉率目標	10		16		5		10.5	
H（%） 交叉比率（C×G）	50		128		50		70.3	

表 3-6-4⑵ 銷售利益率與商品週轉計劃表

計劃項目 摘要	部門別							
	營業一部		營業二部		營業三部		合計	
	計	實	計	實	計	實	計	實
A（千元） 銷售計劃	8000		6000		6000		20000	
B（%） 銷售構成比率	40		30		30		100	
C（%） 銷售利益率目標	4.25		8.33		8.33		6.7	
D（千元） 銷售利益計劃	340		500		500		1340	
E（%） 銷售利益構成比率	25.3		37.35		37.35		100	
F（千元） 庫存標準	500		700		700		1900	
G（回） 商品週轉率目標	16		8.5		8.5		10.5	
H（%） 交叉比率（C×G）	68		70.8		70.8		70.3	

表 3-6-4(3)　銷售利益率與商品週轉計劃表

計劃項目 摘要	部門別							
	甲		乙		丙		合計	
	計	實	計	實	計	實	計	實
A（千元） 銷售計劃	1000		1000		1000			
B 銷售構成比率								
C 銷售利益率目標	××		××					
D 銷售利益計劃	×		×					
E 銷售利益構成比率	××		××					
F 庫存標準	××		××					
G 商品週轉率目標	×		×					
H 交叉比率（C×G）	××		××					

1. 月別銷售額計劃的月別構成比率

(1)首先須調查以往三年間的月別銷貨額

如表 3-6-5 所示，首先要找出以往三年來的銷售實績資料，查出各年的月別銷貨額。可以看出，各月銷售實績相同的情形，是絕無僅有的。這種情形，不僅舉例的這家公司是如此，任何其他公司也莫不如此。

(2)合計三年間的銷售實績

如表 3-6-5 右邊第二行，把三年間各月份的銷售實績合計起來，除了合計外，也可求出三年間各月份的平均銷售額作為參考。

表 3-6-5　月別構成比率分析表實例

（實績金額單位：百萬元）

月別	3 年前 實績	2 年前 實績	去年 實績	3 年間 合計實績	3 年間月 別構成比(%)
1	1685	1540	1800	5025	7.5
2	1575	1435	1680	4690	7.0
3	2196	1899	2136	6231	9.3
4	1922	1857	2184	5963	8.9
5	1422	1731	1872	5025	7.5
6	1996	1941	2160	6097	9.1
7	2148	1899	2184	6231	9.3
8	1489	1540	1728	4757	7.1
9	1420	1604	1800	4824	7.2
10	2084	1772	2040	5896	8.8
11	1859	1772	2064	5695	8.5
12	2104	2110	2352	6566	9.8
年計	21900	21100	24000	67000	100

(3)求出三年間的月別構成比率

最後如右欄那樣，以三年間的銷售額合計為 100，求出各月別的構成比率，把它填入表內。這樣就可以很明確的掌握，以往三年期間各月銷售額季節變動傾向。

利用這月別構成比率，訂出月別銷售額計劃，那就是非常實際的銷貨額計劃了。

2.利用月別構成比率制訂月別銷售額計劃

(1)修正以往三年間的構成比率

仔細檢討下列事項，對實績的月別構成率，施予少許修正。

①對削價銷售造成的月別變動，以方針和政策來加以計劃。

②銷售品、銷售組織、促銷、顧客等的要素。

③對新市場的打入、開拓、設店等的計劃。

④對商業圈、商店街的變動預測。

⑤氣候、氣象條件。

⑥消費動向或需求的變化。

⑦祭典、慶祝活動等的活用。

(2)以經過修正的比率製作月別銷售額計劃

表 3-6-6 右欄所示，可以年銷售額(240 億元)×月別構成比率(一月是 7.5%)製作月別銷售額計劃(一月是 15 億 5000 萬元)。

表 3-6-6　利用月別構成比和單純平均的月別銷售額計劃實例

月別	3 年實績月別構成比(%)	修正月別構成比(%)	單純平均的計劃(單位:百萬元)	利用構成比的計劃
1	7.5	7.7	2000	1850
2	7.0	7.3	2000	1750
3	9.3	9.0	2000	2160
4	8.9	9.0	2000	2160
5	7.5	7.7	2000	1850
6	9.1	9.0	2000	2160
7	9.3	9.2	2000	2210
8	7.1	7.3	2000	1750
9	7.2	7.5	2000	1800
10	8.8	8.5	2000	2040
11	8.5	8.5	2000	2040
12	9.8	9.3	2000	2230
年計	100	100	24000	24000

(3)依照單純平均所作的月別銷售額計劃是毫無意義的

3.月別商品別銷售額計劃的釐訂方法

(1)掌握商品別構成比率實績

首先，由上年同月實績，或三年間同月實績而來的商品別、商品羣別構成比率，須如表 3-6-7 的加以分析，確實掌握其傾向。這樣就可以明白暢銷商品或是獲利商品了。

表 3-6-7　月別商品銷售額計劃表

商品別			去年同月		1 月計劃	
			銷售金額	構成比	構成比	銷售金額
			千元	%	%	千元
月間總銷售額	1. 暢銷商品群	小計				
		(1)	〃	〃	〃	〃
		(2)	〃	〃	〃	〃
		(3)	〃	〃	〃	〃
		(4)	〃	〃	〃	〃
		(5)	〃	〃	〃	〃
	2. 高利益率商品群	小計				
		(1)	〃	〃	〃	〃
		(2)	〃	〃	〃	〃
		(3)	〃	〃	〃	〃
		(4)	〃	〃	〃	〃
		(5)	〃	〃	〃	〃
	3. 不佳的商品群銷售、利益率	小計				
		(1)	〃	〃	〃	〃
		(2)	〃	〃	〃	〃
		(3)	〃	〃	〃	〃
		(4)	〃	〃	〃	〃
		(5)	〃	〃	〃	〃
合計						

(2)以商品構成比率，修正構成比率

其次，對於以往三年間或去年同月的商品別、商品羣別構成比率，可依據商品構成矯正方針、關係人意見、需求預測等加以修正。

這經過修正的商品構成比率，須每月都有明確的設定，這就是製作商品別計劃時的基礎作業。

(3)以經過修正的商品構成比率，製作商品別計劃

把這種修正後的月別商品構成比率，乘以月銷售額計劃（總額），就是商品別的銷貨額計劃。

表 3-1-7 右欄是計劃欄。如此每月製作月別的詳細商品別銷售額計劃，就可以當作月份銷售額預算的基本資料加以利用。

4.單位別、客戶別銷售額計劃的製作方法

(1)要掌握單位別、客戶別的構成比率

分析以往三年間，或是去年同月份的單位別、客戶別的構成比率（在當月的總計中所佔比率），然後注意其傾向。

(2)須修正單位別、客戶別構成比率

對於銷售實績的單位別、客戶別構成比率，須從以下觀點加以修正。

①單位別、客戶別的銷售方針。

②參考部門主管，或客戶的動向及其意見等。

③參考客戶的深耕程度、信用狀態、與競爭者的競爭關係。

(3)以修正過的構成比率，製作單位別、客戶別的銷售額計劃

如此經過修正後的構成比率，是符合包括預測或方針等實際狀態的，所以只要乘以當月的銷貨總額，立刻就可以成為單位別銷售額計劃或客戶別銷售額計劃。

如此各種計劃，就可成為當月份的實行計劃（實行預算）了。

表 3-6-8　單位別、客戶別銷售額計劃表

單位別	顧客		去年同月		1月計劃	
			銷售金額	構成比	構成比	銷售金額
（一） × × 支 店	1. A 級 客 戶	(1)	千元	%	%	千元
		(2)	〃	〃	〃	〃
		(3)	〃	〃	〃	〃
		(4)	〃	〃	〃	〃
		計	〃	〃	〃	〃
	2. B 級 客 戶	(1)	〃	〃	〃	〃
		(2)	〃	〃	〃	〃
		(3)	〃	〃	〃	〃
		(4)	〃	〃	〃	〃
		計	〃	〃	〃	〃
	3. C 級客戶		〃	〃	〃	〃
	4. 其他		〃	〃	〃	〃
	合計		〃	〃	〃	〃
（二） ○ ○ 支 店	1. A 級 客 戶	(1)	千元	%	%	千元
		(2)	〃	〃	〃	〃
		(3)	〃	〃	〃	〃
		(4)	〃	〃	〃	〃
		計	〃	〃	〃	〃
	2. B 級 客 戶	(1)	〃	〃	〃	〃
		(2)	〃	〃	〃	〃
		(3)	〃	〃	〃	〃
		(4)	〃	〃	〃	〃
		計	〃	〃	〃	〃

(三)銷售費用的計劃

　　銷售費用計劃是屬於財務、會計計劃及綜合損益計劃等費用計劃的一種，所以製作銷售計劃時，必須當作是一種費用計劃。假如是小企業的話，這個計劃可由會計方面製作，假如是中等以上規模的企業，則可由營業部或推銷課負責制作。

這銷售費是依月別、部門別、商品別所計劃起來的，即具有費用預算的性格。大體上，變動費的計劃是「定額＋市場動向＋方針」，固定費則可依「定額＋方針」來計劃。

表 3-6-9　銷售預算表

科目		預算編制方式	1 月		2 月
銷貨預算		以往實績＋市場動向＋方針	預		
銷售變動預算	推銷員佣金		實		
	銷售手續費		預		
	打包包裝費		實		
	其他		預		
	計		實		
銷售固定預算	固定薪	實績＋方針	預		
	各種銷售費用		實		
	廣告宣傳費	方針	預		
	折舊費	所投資本與稅法	實		
	其他		預		
	計		實		
銷售費合計		實績＋市場動向＋方針	預		
製品庫存預算			實		
銷售額預算			預		

這裏所需注意的是，必須抑制整個的銷售費，使之低於銷售額的成長率。無論是集中管理（會計主管）或是分散管理（營業部或各營業所主管），這銷售經費預算必須採取實際經費負責使用者別的科目別責任制。若是集中管理，也有藉用證券制度的強力管理法的，亦有在預算範圍內，將一切委諸於執行負責人的種種情形。

無論要採取那一方法，必須遵照公司的方針來決定。在採取獨立預算制度的公司裏，亦有將之編入綜合損益計劃的例子。

(四)收款計劃、回收計劃

　　銷售不能以貨款回收完畢而了結，而是回收貨款之後，銷售方才開始。一般的情況是並非銷出去了貨就能收到錢，所以我們必須於銷貨之前的受訂階段裏，多多考慮回收貨款的情形。我們知道，著重於收款的計劃，極有助於壓縮總資產。壓縮總資產之後，即能減少總資本，減少了總資本，就可以提高本身資本的比率。所以，從充實本身資本的一方面來說，回收貨款確實是一項最有效的手段。再者，回收率越高，就更能減少票據貼現，週轉資金更寬裕，從而更可以減少利息的負擔率。

　　如此，我們就可以知道，做好財務的最有力的武器，就是貨款回收計劃。同時，應收帳款的收款計劃或回收計劃，對於現金時點計算的財務資金計劃來說，也是一項極為重要的資金計劃，因為即使會計部門有再好之資金調度計劃，假使沒有良好的收款、回收計劃予以支持，也無法做得很順利的。再就對客戶的信用政策而言，這收款、回收計劃，也是極重要的一種計劃。

　　計劃的時候所須重視的是回收率。嚴格地來說，這回收率應該根據票據到期的進款時點計算。但是，一般多半都是根據應收時點計算。回收率的計算方法如下：

　　　　　回收率＝該月回收額÷(月初應收賬款餘額＋該月銷售額)

　　總之，請大家依照銷售總計，或是顧客別、部門別，詳細分析回收率實售。同樣的，再算算應收賬款的滯收狀況，看看究竟有幾天或幾個月的滯收。應收賬款的滯收狀況的演算法如下：

　　‧應收賬款滯收款日數＝應收賬款餘額÷月銷售額(年銷售額)×日數

　　‧回收率＝回收額計÷應收賬款餘額計×100

　　‧回收不良率＝二個月以上之應收賬款÷應收賬款餘額

・在原則上不承認相抵。

　　假如貨款滯收日數高達 50～60 天的話，那就需要有正本清源的政策了。

　　如此把握實績之後，就可以決定公司全體的回收率目標，再把整個的回收計劃，依月別、部門別、商品別、顧客別、推銷員別，做成明細計劃。表 3-6-10 就是其全體收回計劃表的一個例子。

表 3-6-10　回收計劃・實績管理表

月別　　　　計劃 項目	1 計劃	1 實績	2 計劃	2 實績	3 計劃	3 實績	4 計劃	4 實績	5 計劃	5 實績	6 計劃	6 實績
銷售額												
回收額 現金												
回收額 90 日以內支票												
回收額 90 日以上支票												
回收額 合計												
賒售款餘額 未滿一個月												
賒售款餘額 未滿 2 個月												
賒售款餘額 2 個月以上												
賒售款餘額 合計												
回收率												
回收不良率												

註：①這家公司以回收限度不滿二個月為目標。
　　②回收率＝(回收額計÷應收帳款餘額計)×100%
　　③回收不良率＝二個月以上之應收帳款÷應收帳款餘額
　　④在原則上不承認相抵。

　　做成個別的明細計劃之後，若要每個月實行下去，則可依照表 3-6-11，以週單位來細密的管理預定與實績，若有出入即找出理由，研究對策，如此做起來就安全多了。

表 3-6-11　月次賒售款回收預定表

上上月賒售款	上月賒售款	本月賒售款	賒售款餘額計	客戶		結帳條件		
				編號 No.	店名	截止日	支付日	CBB日距
						日	日	C　B
						日	日	日
						日	日	C　B
						日	日	日
						日	日	C　B
						日	日	日
				合計				

第一週		第二週		第三週		第四週		遲延理由
預定	實績	預定	實績	預定	實績	預定	實績	
C	C	C	C	C	C	C	C	C
B	B	B	B	B	B	B	B	B

　　　註：C 是支票，B 表示票據。

　　以往的實績是製作回收計劃的一項重要數據，為要保存這份數據，我們須如表 3-6-12 的「應收貨款回收計劃一覽表」，把管理數據保存起來。

表 3-6-12　賒售回收計劃一覽表

年　　月

顧客	滾進			締日	本月		
	三個月前	上上月份	上月份		銷售	預定貨	純銷售

請求額	收款預定			實績		
	預定日	金額	種別	額度	現金	支票

回收率	退貨率	備考

(五)銷售促進的計劃

促使銷售計劃確實實踐的，就是銷售促進計劃。這銷售促進計劃包括：

表 3-6-13　銷售促進的計劃表

⑴特別價格制度。	⑽促進銷售。
⑵折讓。	⑾服務。
⑶招待、交際。	⑿招待作戰。
⑷贈獎、猜獎。	⒀分發說明書。
⑸銷售店的銷售競賽。	⒁娛樂活動。
⑹公司內銷售競賽。	⒂廣告宣傳(電視、電台、印刷物，服裝表演)。
⑺佣金制度。	⒃店面裝飾。
⑻接近消費者政策。	⒄POP。
⑼銷售店系列化。	⒅公共關係。

以上種種又因銷售通路之不同而有很大的差異。例如究竟是經由特約店、零售店銷售，或是直接銷售給消費者等等。

不過，一般來說，最重要的事情，應是明確的計劃商品別的銷售重點。假如沒有明確的銷售重點，那麼所謂的銷售促進就不能發生效果了。請參看表 3-6-14 所列舉的「銷售重點著眼點」。

表 3-6-14　銷售重點的著眼點

1. 商品名 商標有沒有魅力？需要從商標推銷力的立場加以檢討。 2. 用途 是否被廣泛地利用了？需強力強調其有用的地方。 3. 制法的特點 找出能夠吸引愛用者的制法的特點，予以大力強調。 4. 特性 強調需要專門技術之點。例如製品是如何優異，又很經濟等。 5. 材料 例如材質有什麼特點等。 6. 提醒使用方法 簡單明瞭地說明最方便的使用方法。 7. 競爭品 需一邊稱讚對方的東西，一邊告訴他自己製品的特點。那麼使對方樂於接受的快捷方式在那裏呢？ 8. 試驗成績與使用效果 例如耐用程度或優秀的設計等各方面的試驗結果與使用效果，選擇其最具權威之特點，把它推銷出去。 9. 利用輿論家的言論 例如專家或大學教授等，對方很熟悉的名輿論家，利用他們的推薦詞，作為銷售的重點。

　　有了明確的銷售重點之後，就要製作表 3-6-15 的「月銷售促進活動表」製作月的銷售計劃；根據表 3-6-16 的「星期計劃表」，製作每週的計劃；以及根據表 3-6-17 的「活動計劃與活動結果表」推行每天的促進政策。

表 3-6-15　　月銷售促進活動表

本月的銷售方針與計劃
重點項目(計劃與結果)   1.   2.   3.   4.   5.   ……

表 3-6-16　　週計劃表

姓名：

第一週期		日起		日止	
本公司與分公司的指示事項					
活動目標					
重點					
訪問對象					
活	項目	目標	計劃	實績	備考
動	受訂				
內	銷售				
容	收示				

表 3-6-17　推銷活動計劃與活動結果表

今日的目標：　　　　　　　　　　　　　月　日　天氣

項目　No.	訪問活動							
訪問對象	1	2	3	4	5	6	7	8
接見者								
有無連絡	有□無□	有□無□	有□無□	有□無□	有□無□	有□無□	有□無□	有□無□
訪問理由								
面接時間								
銷售目標								
使用中的東西								
注意點								
交涉的經過								
訪問負責人之有無								
受訂、收款								
其他								

計劃	指示事項　　簽章	結果	指導事項　　　　簽章		
電話、郵政與其他活動	1		到本日為止目標達成率		
	2		受訂	累計金額	千元
				達成率	％
	3		銷售	累計金額	千元
				達成率	％
	4		收款	累計金額	千元
				達成率	％

負責人	同伴者		出公司	時　分
外出	時間　　面接	時間	到本日為止的訪問次數：新客___回　再訪___回　受訂收款___回　其他__回	

　　此外，廣告宣傳或是 DM 作戰等專門性的援助作戰，可委請專家負責，或由公司內的專門單位負責也可以。最後，可如表 3-6-18 作好綜合性的銷售促進費計劃，以推銷員的銷售促進活動為中心，從各方面大力地推進銷售促進計劃。

表 3-6-18　銷售促進費計劃‧實績表

項目／月別		廣告宣傳費					
		電視、電台	新聞	雜誌	DM	其他	合計
1	計劃						
	實績						
2	計劃						
	實績						
3	計劃						
	實績						
4	計劃						
	實績						
5	計劃						
	實績						

(六)其他計劃

　　此外，還需要有人員計劃、例行事項計劃、教育計劃、銷售事務合理化計劃等。這些計劃可如表 3-6-19 簡單明瞭地計劃起來。有了銷售與回收的計劃之後，事務必然會跟著繁忙起來。所以，中小企業的經營者應該多注意這類計劃。

表 3-6-19　銷售部其他計劃一覽表

項目＼月別		1	2	3	4	5	6	7	8	9	10	11	12
人事調換	計劃					○							
	實績												
新人採用	計劃			○	○								
	實績												
推銷員教育	計劃		←————————————→										
	實績												
X 講座受講	計劃										○		○
	實績												
盤存實施	計劃			○			○			○			○
	實績												
綜合銷售會議	計劃				○			○			○		○
	實績												

◎重視邊際利益

　　銷售增進利益，就是推銷員的最大任務。但要達成增進銷售的任務，則商品、製品或服務等非有利益率不可。這裏所要討論的邊際利益率，就是衡量商品、製品、服務的利益率的尺度。故此，凡有下列情形時，即可利用這個尺度來衡量利益，看看利益是否低落，看看有沒有白費精力去推銷等。（這種情形可以用邊際利益去檢查）

　　①其他的分析方法不能使人對損益狀況感到滿意時。

②例如要計算商品別利益或部門別利益時，為爭取時間，不想用繁複的個別成本計算，而要迅速地計算出來時。

③整理商品品種後，要決定重點商品時。

④要明確釐訂商品政策時。

⑤實施直接成本計算或採用個別成本計算制度時，需作預備計算的時候。

⑥配合損益平衡點分析與其他經營分析以為綜合分析。

只要根據下列幾點，即使不用細密的計數，但一樣可以斷定邊際利益的不良情形，這時候也可以用這一尺度來衡量。（這種情形也要用邊際利益來檢查）

①沒有異常的折讓就銷不出去時，大致上可以斷定邊際利益趨於低落了。

②庫存大幅增加，退貨率亦激增的情形，就是邊際利益低落的前兆。

③制法簡單誰都可以經營的，其邊際利益一定很低。

④凡是自己公司也經營，其他公司也經營的製品，而商品與服務等又無任何值得誇耀的，其邊際利益也一定都很低。

⑤經營許多品種，其中沒有任何一種主力商品，這種公司裏的邊際利益都很低。

⑥缺乏獨創性的、低級的、以及無專利權的諸種製品。其邊際利益都很低。

⑦凡附加價值高的，其邊際利益率一定很高，不過，也有許多例外的情形。

其次，利用邊際利益時，有以下幾點須注意。

有關邊際利益的七大檢查要點：

①要增加經營新品種時，一定要選擇其邊際利益率與邊際利益總額比舊品種更高的。

②於考慮邊際利益率（銷售額－變動費／銷售額）之同時，需相對地研討全商品總邊際利益額中的商品別或部門別邊際利益額。

③追求公司「總邊際利益總額－（除變動費之外的公司總費用＋目標利益）」的平衡。

④公司全體的邊際利益率未達至 30%時，即需發出警報，同時研究部門別、顧客別、商品別的邊際利益，設法予以提高。

⑤雖因規模或業種而不同，不過假使是開發新製品，那麼，假使是製造商的話，其邊際利益率應訂在 40%以上，在全公司中所佔的邊際利益額比率亦須在 20%左右。商社的情形則只要有製造商的 1/2 就可以。

⑥倘若公司的總邊際利益額供應不了固定費時，那就是倒閉型的企業了。

⑦當商品構成發生變化，售價與採購價均有波動時，需密切注意邊際利益率的演變。

邊際利益率就是：

銷售額－變動費÷銷售額＝邊際利益率

或：

1－（變動費÷銷售額）＝邊際利益率

邊際利益率是「銷售額－變動費／銷售額」，因此「邊際利益率－純利益目標」就是「可能容許的固定費」，那麼，這一演算法又可以用來計算固定費之預算了。

7 商品開發計劃的製作與要點

　　企業發展的關鍵，是要在競爭的環境中，具有比別人更強的競爭能力，能夠比競爭對手提供更多、更好、更便宜的產品和服務。這種競爭力是依靠企業內部的各種開發來實現的。

　　所謂開發，是指把過去不存在或只是潛在的東西創造出來。在一個企業裏，開發的範圍是非常廣泛的。就經營方面來說，開發的內容包括原料開發、材料開發、設備開發、技術開發、商品開發、市場開發、經營方式開發、人才開發等等。

　　開發計劃，是對準備開發的內容進行的一種安排。企業在一定時間不可能開發一切項目，因此，需要在作開發計劃之前，對在某一時間內必須進行的開發項目，按順序排列，進行必要的選擇，然後才對這些確定進行開發的項目進行具體的安排。沒有合理的選擇，計劃就失去了重點；沒有科學的計劃，重點也無法落實。選擇重點和具體計劃，實際上往往是同時進行的。

◎開發力之計劃為要務

　　要擬訂生產部門之計劃，首先要瞭解的重點，已經不僅是生產的時代，而是已經進入到知識、情報化的時代。到今日單單還在談提高生產力和生產量，已經是落伍的象徵。

　　由以上觀點來看，生產計劃的重點，新產品開發，新技術開發，新原料開發，現有製品之改良開發，都應該包括其中。如何去提高這

些開發力？顯然已成為生產部門計劃之一大支柱。

第二支柱，是如何去抑減原材料費成本，與提高生產力相配合。同時也要設法降低主要的成本，並進行合理化運動，譬如減少人員、省力化方案等。

第三支柱，是如何去提高生產力。

以上述三大支柱為中心，就構成了生產計劃的重點。

◎不可模仿、應依獲利力去開發

所謂開發力，概略地說，包括了原料的使用方法、機械的使用方法等技術問題，或者製品包裝、製造方法、以及產品設計。這些事項的第一前提，就是不模仿別家公司。

事實上，應該是本公司自己努力去獨自開發。

欲達到自己開發的目的，有三項著眼點

1. 所開發製品或改良製品，是否能賺錢？

2. 能否賣得出去？

3. 能否合理、經濟地製造出來？

單就是否能賺錢一點來討論，包含了很多影響因素，例如競爭關係、收益力、商品壽命、製品之專利申請及其權利維護力之問題，價格是否站在有利地位之價格政策問題。

再從能否賣得出去一點來講，其問題包括有潛在需要量有多少？市場規模如何？同業安定性如何？產出推出市場問世的——商品化的時機如何？推銷方法應如何？宣傳方法如何最適合？

再從第三項的合理化來討論，就如設備投資之可否？是否適於機械化，資金負擔是否能支援？技術適性如何？開發時機又如何？生產

型態呢？這些都是問題。

　　要擬定這些開發計劃，首先要探求開發的主題根源何在，例如最好從客戶訴怨，退貨等方面先加以研究。

◎重點開發項目的選擇

　　重點開發項目對於一個特定的企業來說，是指那些對企業生產經營狀況有著重要影響的開發項目。在不同時期、不同條件下，重點開發項目的內容也不會相同。就一般情況而言，材料開發、能源開發、商品開發、生產方式開發、市場開發總是企業重要的開發項目。但在一定時間內究竟何者應當優先，這裏仍有選擇或排序的需要。另外，即便是在這些大的開發項目已經確定的情況下，在這些項目中，具體內容也是多種多樣，從而也有重點和一般之別。以商品開發為例，即有老產品的改進，像增添一些新的功能，改變某些功能等等，也有新產品的研製、生產，還有進行商品的序列化改造等等。在進行計劃時，也要根據這樣內容的重要程度，依次列出，進行必要的取捨。

　　開發項目的選擇，或者說重點開發項目的確定，這在一定意義上說，是一種戰略性的選擇，因為其選擇的好壞，直接影響到企業今後的發展。正因如此，選擇時必須從企業的長遠利益和長遠發展著眼，在具體操作時，則必須進行充分的論證。要盡可能把擬開發項目成功後對企業發展產生的影響和在開發過程中會遇到的問題，需要花費的時間和成本都一一加以分析、比較，然後從中選出重點開發項目。

　　重點開發項目的選擇，是在開發計劃制訂之前必須首先做的事情，而一旦此事完成，就要通過計劃表，把每個開發項目所涉及的內容和方面按順序列出，並指出解決問題所要實行的開發方針。例如，

商品開發要求對現有產品,正在研製的產品有不同的開發方針。老產品改進,其戰略是延長其生命週期,以取得更多的利潤;新產品研製,從根本上來說,是保證企業能夠持續地向社會提供有銷路的商品。但在不同時候,研製新產品的重點可能會有不同。有時是為了進行產品的更新換代,有時則是為了進行必要的產品儲備。在開發計劃中,要明確究竟是為了何種目的而開發的,並提出為實現這種開發目的所要採取的主要措施。

表 3-7-1 商品開發的重點戰略計劃表

	開發對象	重點戰略
1. 材料開發	(1)	
	(2)	
	(3)	
2. 能源開發	(1)	
	(2)	
	(3)	
3. 商品開發	(1)	
	(2)	
	(3)	
4. 生產體制開發	(1)	
	(2)	
	(3)	
5. 市場開發	(1)	
	(2)	
	(3)	

制訂重點開發項目選擇和安排的計劃表,是這項工作的中心環節。在這個表的左邊,是開發對象,即確定開發的項目。這些項目是

經過分析比較後選定的。在每一個開發項目裏，要按其所涉及的方面，按順序列出。有些開發項目涉及的方面和問題多，就多列，否則，就少列。這個表的右邊，是開發項目所應採取的開發方針，把主要的、重點的措施列出來即可。

◎產品開發計劃

在企業的各種開發項目中，商品開發總是最為重要的，因為企業能夠獲取收入的主要是商品。

商品如同人一樣，是有生命週期的，它有新生的那一天，也有死亡的那一天。企業不能一天沒有可供出售的商品，這樣，就必須根據不同商品所處的生命週期的階段，或對現有商品進行再開發，或進行新產品的開發。商品開發的這兩種方式，需要不同的條件，能產生不同的作用。

1.對現有商品再開發的計劃

對現有商品再開發，在商品開發中是首先必須做的。因為現有商品是企業收入的來源，通過再開發，使這些商品的生命週期得到延長，或者避免提前到達衰退期，能夠使企業繼續保持原有的市場，得到豐厚的收入。同時，與新商品開發相比，現有商品的改良乃至再開發，較為容易，投入也少。等到這種再開發成功，再著手新商品的開發，也比較安全。當然，這也不是絕對的，還要看現有商品的實際情況。特別是這些商品所處的生命週期階段。

為了對現有商品的再開發進行合理的計劃，必須掌握現有商品的情況，主要是這些商品現存的問題，使用者對它們新的要求。這些情況，要通過市場調查，用戶調查來瞭解。在弄清情況的基礎上，確定

是否進行再開發、向什麼方向再開發，然後再作出改良或開發的計劃。在這個計劃中，要把再開發的內容、項目、具體安排都列出來。

2.新商品的開發計劃

新商品的開發既費時費事又有風險，所以計劃必須更為謹慎。這裏關鍵的一點，是要多準備一些開發的課題。因為許多新開發題目會在實際開發的過程中因條件不足、方法不對等種種原因而不得成功。

表 3-7-2　商品開發計劃表

開發內容		具體計劃
1. 現有商品的改良開發	⑴新材料開發	
	⑵新用途開發	
	⑶成本開發	
	⑷節能開發	
	⑸高價格開發	
	⑹新商標開發	
	⑺新零配件開發	
	⑻新包裝開發	
2. 新商品的開發	新品種開發	
	新質量開發	
	新技術開發	
	新使用方式開發	
	新設備開發	
	新模具開發	
	新功能開發	
	新制法開發	

新商品的開發計劃，要儘量考慮到當前及今後科技發展的趨勢、水準，考慮到市場需求的變化，考慮到企業現有條件的利用。

新商品的開發比現有商品的再開發有著更多的困難，但從長遠利

益著眼，這是必須早抓、抓好的工作。這就要求在計劃制訂時具有足夠的超前性。新商品開發的具體內容也是很多的，具體的落實也須有週密的計劃。不能因為開發新商品是以後的事情，把計劃訂得很原則很粗。

◎商品的改良和再開發計劃

如果說商品開發計劃主要是確定商品開發的主要方面（課題），那麼，這些開發課題究竟如何實施，還需要進一步作出計劃。「商品的改良和再開發計劃」是這種深化計劃的一種。

商品改良和再開發計劃，大致分為兩部份，第一部份是對現有商品情況的分析，這是通過有關指標的分析，判斷現有商品是否具有商品力（商品力是反映商品綜合競爭實力的一個指標），從而決定是否應予改良乃至再開發的一項工作。這部份工作實際是商品改良和再開發計劃的基礎工作。第二部份是確定改良或再開發商品的改良和開發目標。

1.對現有商品做商品力的判斷

如果一種商品已經處於生命週期的後半期，我們自然不會把它列在改良和再開發的計劃上。通常，需要改良和再開發的商品，是那些銷售額仍在遞增，或者仍是暢銷的商品。對這些商品，可以通過銷售額結構、非附加價值結構、非附加價值率等指標的考察，判斷其是否具有商品力。其判別標準是，如果銷售額很高、非附加價值小、非附加價值率（非附加價值／銷售額）低的話，那就是具有較強的商品力。若銷售額很高，但非附加價值與非附加價值率也很高，那就是有待改良，或再開發的商品了。至於銷售額雖然並不低（與其他商品比），但

已經開始下落的商品，當然更要加以改良或再開發。

表 3-7-3　商品改良和再開發計劃表

現有商品	現有狀況			改良再開發目標	
	① 銷售額	② 非附加價值	③ ②／①× 100	②／①× 100 降低	增銷 可能額
1.	萬元	萬元	％	％	萬元
2.	萬元	萬元	％	％	萬元
3.	萬元	萬元	％	％	萬元
4.	萬元	萬元	％	％	萬元
5.	萬元	萬元	％	％	萬元
6.	萬元	萬元	％	％	萬元
7.	萬元	萬元	％	％	萬元
8.	萬元	萬元	％	％	萬元
9.	萬元	萬元	％	％	萬元
10.	萬元	萬元	％	％	萬元
…	萬元	萬元	％	％	萬元
合計	萬元	萬元	％	％	萬元

2.改良或再開發的目標

改良或再開發的目標，一是附加價值率降低的目標，二是增加銷售額的可能目標。自然，為達到這些目標，需要在提高產品質量、產品功能，美工設計等方面作出努力。但作為改良或再開發的目標，應當是一種價值目標。因為技術性能方面的目標必須服從於價值方面的目標。

上述兩方面工作，須按現有商品的不同種類分別進行，即對每一種商品(符合改良和再開發條件的商品，不包括應該淘汰的商品)都先

作商品力的判斷，再提出改良或再開發的目標。

◎強化商品力計劃

將擬改良和再開發的商品，先提出了應當達到的目標。這些目標如何實現呢？這就要有相應的對策。

表 3-7-4　商品力強化計劃表

現有商品	(1)非附加價值降低計劃			(2)商品銷售計劃		
	①降低率計劃	②期限	③主要對策	①增銷計劃	②期限	③主要對策
1.	%					
2.	%					
3.	%					
4.	%					
5.	%					
6.	%					
7.	%					
8.	%					
…	%					
合計	%					

改良和再開發的目標是從價值方面提出來的，從其實質性內容看，主要就是如何降低非價值以增加利潤，並提高商品的競爭力。另一方面，則是如何強化商品的質量（包括內在質量和外在的包裝質量）。而後者是需要增加成本費用的，這只有依靠增加銷售量來加以補償。這樣，在商品力強化計劃中，主要也就是圍繞降低非附加價值（或者說非附加價值率）和增強銷售量來確定對策。就降低非附加價值

而言，要明確達到既定的降低目標所需時限，以及主要的對策；就增加銷售量而言，要把原來在「商品改良和再開發計劃表」中提出的增銷可能值作為一個基本確定的計劃值，並相應地提出期限要求和主要對策。把這些內容集中在一張表上，就成為「商品力強化計劃表」。

◎研究開發也要有一個標準

開發商品的邊際利益率，最少也要在 30%以上才夠。如果邊際利益率不到 30%，或者有超過必要的多額開發投資，最好立即停止。

因此，一個企業必須大約六個月一次，將開發中的商品計劃加以整理檢核，看看是否必要繼續下去。

如果不如此，其結局很可能等於戰爭的「玉碎戰術」，將有價值的開發和不利的開發一起進行，一起沒有成果，也一起拖累了公司，更一起被撤銷，得到反效果。

要從事開發工作，就必須有以上的體認，也必須有明確的計劃。至於到底由生產部門，或獨立研究開發部門去從事開發，這倒是末節，依各家公司的實情而異，無妨變通。

◎新商品的開發計劃

一個企業只有不斷開發出具有高附加價值的創造性新商品，才能在競爭中立於不敗之地，使自己得到不斷的發展。為了達到此目的，有計劃地推進新商品的開發，並建立能保證這種開發順利進行的制度，是非常重要的。

新商品開發的計劃，大致包括以下內容：

1. 開發的主題和領域。即準備在那些領域裏開發新商品，開發的是什麼樣的新商品。

2. 設立擬開發商品的用途範圍。

3. 預測市場規模。新商品在一定時間內，能夠在市場上銷售出去多少，這個問題必須有所估測。否則，將會使企業遭到很大損失。

4. 預測市場佔有率。在有競爭企業推出同類新商品的情況下，這個問題是至關重要的。

5. 決定開發工作的負責人。

6. 設定開發期限。由於競爭企業也在開發新商品，設定合理的開發期限是很有必要的。拖拖拉拉，等到你的新商品開發成功，市場早被別人佔有，豈不白費精力？

7. 決定開發總預算。開發新商品肯定要花錢，但花錢必須有預算，不能因為開發新商品而胡亂花錢。

此外，還必須對新商品開發成功，達到穩定銷售標準後的各項指標制訂出計劃。

制訂新商品開發計劃後，就應按計劃大力推進、落實。但由於新商品的開發帶有一定的創造性和超前性，在計劃實施中，可能會發現原訂的一些指標很難實現，這就要作出合理的調整。如果外部情況發生很大變化，開發的新商品已經失去意義，或者內部條件發生很大變化，原計劃根本無法實現，那就要當機立斷，取消原來的計劃。

新商品開發計劃表。除了對計劃的各個項目提出了基本要求外，還要列出了達到這些要求所應採取的對策，請參閱表 3-7-5。

表 3-7-5　新商品開發計劃表

項目	計劃標準	主要對策
開發主題及範圍		
用途範圍		
市場規模	萬元	
預計市場佔有率	%	
開發負責人		
開發期限		
開發預算	萬元	
8. 穩定銷售額	萬元	
9. 附加價值率	%	
10. 穩定銷售時所需人員	名	
11. 穩定銷售時固定費用	萬元	
12. 穩定銷售時對外購件支付費用	萬元	
13. 穩定銷售時總資本生產率	%	
14. 是否確保專利權		
15. 預估稅前利潤	萬元	

◎商品開發的順序

商品的開發，需要根據各商品的具體情況，排列出合理的順序，以減少市場風險，提高商品開發的成功率。商品開發的次序可以這樣安排：

1. 現有商品的改良和再開發

在這裏，第一步要著手進行開發的領域，是現有市場上商品的改

良和再開發。這是以現有市場為前提，通過對目前仍在市場上有銷路的商品的改良或再開發，使其繼續在原有市場上保持應有地位，獲得良好的銷售前景。對這些商品的改良或再開發，通常是根據客戶的意見和要求，在不改變商品基本功能的前提下，作某些改進。由於這些商品在市場上的聲譽不錯，只需作不大的改良，就能滿足客戶更多的要求。因此，是市場風險不大、需花代價不大、取得效果很好的再開發，所以應放首位考慮。第二步要著手進行開發的領域，是需要通過改良或再開發尋找新的市場的商品。這類商品的基本功能還是能夠滿足這一時期總的要求水準的，但是，在其原來的市場上已經銷路下降。迫切需要通過再開發，以新的面貌去開拓新市場，爭取新顧客。這類商品的再開發，比第一類商品要困難一些，它應更多地瞭解新市場、新顧客的要求，在改良和再開發的深度和廣度上也要比第一類商品更進一步。

2.新產品的開發

在這裏，第一步(如果從整個開發次序來說，則是第三步)要著手開發的領域，是準備在企業現有市場上推銷的新商品。這實際上是以企業原有商品在市場上信譽為依託的，用戶根據過去對這個企業產品的信任，去審視這個企業推出的新產品，自然要比接受從未在市場涉足的那些企業第一次推出的商品更為容易。這是一種優勢，所以企業開發新的商品，必須先排出準備在現有市場上推銷的那些品種。

表 3-7-6　商品開發次序計劃表

	1.現有市場		2.新的市場	
	Ⅰ第一步要著手開發的領域		Ⅱ第二步要著手開發的領域	
	商品名稱	改良、再開發的要點	改良商品名稱	其銷售對象
1.現有的商品	(1)		(1)	
	(2)		(2)	
	(3)		(3)	
	(4)		(4)	
	(5)		(5)	
	(6)		(6)	
	(7)		(7)	
	(8)		(8)	
	(9)		(9)	
	Ⅲ第三步要著手開發的領域		Ⅳ第四步要著手開發的領域	
	開發主題	商品的銷售計劃	開發主題	目標市場
2.新的商品	(1)		(1)	
	(2)			
	(3)		(2)	
	(4)			
	(5)		(3)	
	(6)			

　　第二步（從整個開發次序講，則是第四步）要著手開發的領域，是風險最大的新商品、新市場領域，所以放在最後。一般應在作好充分準備的情況下再進入這一領域的開發。在這個領域裏開發新商品，困難會更大，所需花費的精力也將更多。但是，在這個領域的開發就未

必沒有一點優於其他領域的地方。正由於這是一個全新的市場，企業可以不必過多地考慮用戶對企業及其產品所持有的一定之見，在開發新商品的時候可以有更大的自由度。

◎月份商品開發推進計劃

在制訂了商品開發計劃後，如果沒有一個嚴格的執行體制和切實有效的考核工作，就很容易流於形式。因此，作為年商品開發計劃的落實措施和保證措施，還要根據年商品開發計劃，制訂每月的商品開發推進計劃，規定每月需要落實的內容和應當達到的要求。把這些內容列為一表，即是月份商品開發推進計劃表。

改良開發商品和新開發商品是分列的，就改良開發商品而來說，月份推進計劃，應按各開發的主題，各擬定開發的商品。在每月月初明確地加以計劃，在每月月末檢討其成果。如果未能按計劃進行，就應檢查其原因，並研究如何才能使其與計劃相符合。實際上，制訂月份推進計劃還是容易的，難的是每月的這種檢查、分析以及推出相應的對策。就開發新商品的計劃而言，除了在計劃時要逐月落實開發的內容外，同樣要做好執行計劃的檢查分析工作。要從經營的觀點去仔細檢查開發的進度和存在的問題。

表 3-7-7　月份別商品開發推進計劃表

	開發商品	1 月	2 月	……	11 月	12 月
1. 改 良 開 發 、 再 開 發 商 品	(1)					
	(2)					
	(3)					
	(4)					
	(5)					
	(6)					
	(7)					
	(8)					
	(9)					
	(10)					
	(11)					
2. 新 開 發 商 品	(1)					
	(2)					
	(3)					
	(4)					
	(5)					
	(6)					
	(7)					

◎新開發商品的發售計劃

　　新開發出的商品要獲得銷售成功，必須有明確有效的銷售計劃。實踐證明，新產品能否打開市場順利地銷售出去，需要講究戰略和策略。只有在合適的時機，通過有效的宣傳和週密的安排，才能獲得預期的成功。這就提出了新開發商品發售計劃的問題。

表 3-7-8　新開發商品的發售計劃表

項目		計劃	備考
1. 發售時間			
2. 銷售促進費用			
3. 達到穩定銷售的時間			
4. 銷售負責人			
5. 穩定銷售時的損益計劃		計劃	問題要點
5-1 銷售額		萬元	
5-2 非附加價值	(1)材料費	萬元	
	(2)外購零件費	萬元	
	(3)包裝運費	萬元	
	(4)動力、燃料費	萬元	
	(5)其他變動費用	萬元	
	(6)折舊費	萬元	
	(7)修繕費	萬元	
	(8)保險費	萬元	
	計		
5-3 附加價值	(1)人工費	萬元	
	(2)經費、利息		
	(3)稅前利潤		
	計		
6. 人員		名	

發售計劃的主要項目是：

1. 發售的時機。這是至關重要的問題。過早發售，可能引入一大批競爭者；過遲發售，市場會被別人佔領。

2. 銷售促進費用。須與將來採用的促銷手段一併明確設定。

3.達到穩定銷售所需時間。這個時間究竟需多長，必須事先有一個明白的估計，以利於確定在這段時間中應當採取的方針、政策。

4.銷售負責人。由於新開發商品的銷售難度較大，僅由原來的銷售機構按常規進行銷售是不行的，一定要有一位總負責人來協調各方關係。

在新開發商品發售計劃中，還要相應地列出穩定銷售情況下的損益計劃與人員費用計劃的數值，以綜合掌握發售新開發商品時將會遇到的成本和收益的比較。

◎商品開發成果計劃

商品開發的成果，是在開發活動之前就必須作出足夠估計的。儘管作為一種估計，它未必和實際的結果完全一致，有時甚至事與願違，但是有計劃總要比盲目開發要好。

商品開發成果計劃，主要是設定一系列反映商品開發的指標，並對可達到的水準作出估計，以判定開發成果的好壞。具體方法是，先設定評價成果的指標。這些指標共 5 大類 17 項，第一類為經營效果方面的指標，包括附加價值率、生產率、資本生產率、資本利潤率等8 項指標；第二類為生產效果方面的指標，包括成功率、質量、操作性、原料來源難易程度 4 項指標；第三類為商品力、商品壽命等 5 項指標。各項指標可能達到的水準，採用 5 級記分方法，最高為 5 分，最低為 1 分。把 17 項指標評價的評分匯總，便得到一個總分，如果都是滿分，則總分為 85 分。設定總分達到 70 分才符合標準，則 70分以上為開發有較好和很好的成果，低於 70 分表示開發成果不佳。至於每項指標評分的標準，要根據各行各類商品具體情況來定。

表 3-7-9　A 商品開發成果計劃表

商品開發主題：

評價項目		5 分	4 分	3 分	2 分	1 分
1. 經營效果	(1)附加價值率　$\dfrac{\text{附加價值}}{\text{銷售額}} \times 100\%$	√				
	(2)生產率　$\dfrac{\text{附加價值}}{\text{勞動人數}}$		√			
	(3)資本生產率　$\dfrac{\text{附加價值}}{\text{投入資本}}$	√				
	(4)資本利潤率　$\dfrac{\text{期待資本}}{\text{投入資本}} \times 100\%$	√				
	(5)每月平均附加價值額	√				
	(6)每月平均銷售額	√				
	(7)達到穩定銷售所需時間			√		
	(8)企業地位的提高					
2. 生產效果	(9)成功率		√			
	(10)質量	√				
	(11)操作性	√				
	(12)原料來源難易度			√		
3. 銷售效果	(13)商品力	√				
	(14)商品壽命	√				
	(15)利用範圍			√		
	(16)銷售難易度	√				
	(17)競爭狀況		√			
綜合評分		77				

例中綜合評分為 77 分，高於 70 分這一標準值，表明 A 商品開

發成果是比較好的。由於實際情況在變化，特別是實際的開發成果是要在計劃實施之後才能反映出來的，因此，各項指標的實際值究竟如何，並不是一次估計就能準確判定的，一般應通過檢核，每半年左右根據實際值對計劃值作出修正。如果在修正時發現綜合評分值在往下降，就說明這個商品的開發有問題，應立即檢查，解決存在的隱患。

8 生產計劃的製作與要點

◎生產合理化計劃的重點

此項計劃的中心，首先要擺在降低材料耗損率的計劃之上。再次，就要以提高產品製成率計劃為主。更進一步，再談到機械運轉率之提高計劃，以及機械操作率，人員操作率之提高計劃。工廠人員出勤率之提高計劃。這些計劃，也是必須確立的重點。

首先是製成率的問題。一般行業都應該以 95%以上為目標。而機械運轉率也要以 80%以上為計劃目標，至於操作率則要在 75%以上，出勤率須在 97%以上，這是基本尺度，可作計劃參考。

為進行合理化工作，最重要的一點就是努力使現場避免製造不良品及廢品。換句話來說，要使不良率降到最低。不良率計劃的重要性由此可見。

如以數字來表示，廢品及不良品之發生率必須抑制在 2%的基本線以下。如果在材料成本比率較高的行業，應該是可以提高合算性。

如果合理化運動是小兒科式的，東要求節省一張小紙，西要求省

一支鉛筆，以吹毛求疵的方式來節約經費，這是不對的。因為這些都不是重點所在，等於是「只見樹木，不見森林」。以往有很多公司以為這種吹毛求疵的方式就符合了預算控制的意義，甚至以為從微小的事物上去節約也是必要的，至少可以造成心理上的效果，使員工真正體會出節約的目標。

但是，從實際情況來說，如果僅從這些雞毛蒜皮事項來著手，必然導致員工的抵抗感。吾人所應該重視的是材料與製品的製成率、不良率、操動率等的合理化。

如果要更進一步去執行合理化，這就要涉及積極的省力化機械投資方面。這不僅僅是向機械商店買入機械來使用而已，可以將一部份機械加以改良，甚至可自己去設計開發自己所使用機器，如此去進行機械技術及機械的 Know-How 化，也是合理化運動中不可遺漏的。

◎由客戶訴怨之滿足，再到計劃的改變

在營業活動中，一旦發生客戶訴怨事項(claim)，生產人員與營業部推銷員，若因為僅用口頭解決訴怨而高興，這種情況表示公司的產品開發計劃不可能做得很好。

假如不退還原品、或未要求折讓，只要客戶訴怨發生，則製造技術員就應該飛奔到第一線的現場，找出訴怨的內容及原因，這是件重要的事。

因此擬定對客戶訴怨的處理計劃是非常重要的事項。而為達到此目的，平日必須設定有「訴怨資料庫」(Claim Bank)的計劃，一旦發生了訴怨案件，立即將訴怨的原因、要項、時期、客戶名稱、用途別等予以分類，傳遞於計劃部門，從事情報的管理。

解決訴怨的方法,可以向外界大學或科技情報機構去收集研究論文加以分析,或由企業內有關同仁運用「腦力激盪法」(Brail Storming)去解決。這些開發的主題,既要清楚確立,最好以每三個月或六個月為一期,將計劃中每一研究主題加以檢核,看看是否符合原則。

◎提高生產力之重點計劃

在一般工廠內提高生產力的要素,大多是指改善設備,設備合理化、省力化、高性能力化而言。另一方面,我們也不能不注意的問題,就是如何使從業員提高其勞動意願,進而提高其生產力。

提高從業員提高其生產力的意願,其責任往往在生產現場的督導人員之雙肩上。督導人員及主管幹部是否有方法、有幹勁,就決定了一般從業員是否具有提高生產力的意願。

如果僅僅有優秀的從業員,但是管理人員及主管督導人員卻差勁無能,則提高生產力的目標,絕對無法實現。

◎不能單單只有生產量計劃

不可以單單設計生產量的計劃而已,而應該以附加價值生產為中心。就如在工廠,每小時附加價值應該提高多少?如何作這種計劃?如何劃分為每月、每週、每日的計劃目標?又如何去向從業員明確有效地表示?

最好的方式,就是將計劃值及提高的結果,每日、每週、每月統計起來,繪成座標圖或其他管理圖表,將每小時附加價值之計劃及實

績明白表示出來，給全體從業員瞭解。這種方式，可以稱為「圖表管理法」（Graphic Management）──以圖表作為決策，或教育的工具，這在管理學上也是很有必要的方法。在工廠，吾人可以將所有各項提高生產力的計劃盡量用圖表表示出來，而且，必須是使用能令一般從業員看了就會開心的圖表來表示。如此將計劃明示出來，再將實績也用圖形描繪其上來從事管理，這種體制的運用，應該是非常有效的。

　　為使工作時間縮短，也可以考慮運用兩班制或三班制的輪班辦法來解決。

　　研究開發，合理化，以及生產力，為生產部門計劃的三大支柱。我們必須以這三大支柱為中心，從事生產部門的年計劃，如此才可能充分有效地實施。

◎以提高生產力為主的方針

　　市場的競爭，多以質優取勝，所以將來生產計劃的重點，必然就在品質與成本了。

　　那就是：更佳的品質、獨特的品質，以及沒有浪費的品質。如此一來，企業就需要高性能的機械與具有技術能力較高的生產人員。但這必須要提高生產力、合理化投資、提高開發力等三位一體化，是很難辦到的。因此，制訂生產計劃的重點，就落在這三大重點了。

　　這不是要增加生產量，而是要提高附加價值生產力；這也不是要你做增產投資，而是要你做合理化投資。我們不能為獲取激烈競爭的勝利而推出廉價的劣貨，我們所需要的是最佳品質與高度技術的開發力。這幾點才是生產計劃的最大要點呢！

　　與其他部門比較起來，生產計劃的重點大多就是物量計劃、時間

計劃、空間計劃等。因此，很容易流於以物量計算了事。事實上，非以物量計算配合金額計算不可。這是製作生產計劃時所應注意的地方。

　　受訂生產產業與估計生產產業的生產計劃，其制訂的方法也各不相同。最大的差異在於銷售計劃與生產計劃的調整。下面就來討論生產計劃的概要吧。

1.生產計劃的內容

　　圖 3-8-1 是生產計劃的概略內容。生產計劃需將工廠的生產能力（設備、人員）充分的發揮出來。因此，其與生產能力的關係，可以繪成圖 3-8-2 的樣子了，沒有機械或工事關係的企業，當然不需要工事計劃。

圖 3-8-1　生產計劃的概要

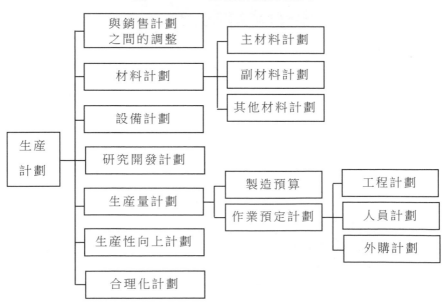

圖 3-8-2　從生產能力所看的生產計劃次序表

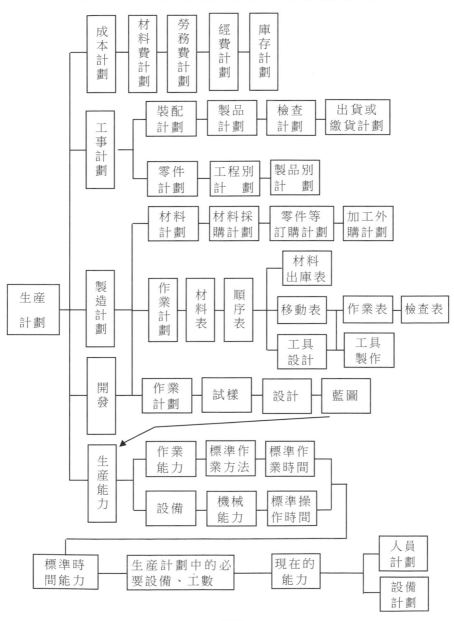

未考慮生產能力、銷售能力與資金能力之平衡的生產計劃，不能稱作完全的生產計劃。在汽車業界裏，既不浪費又富獨創性，而且實施新經營法的東洋工業，2011 年的生產計劃是傾其整個生產能力的25000 輛。該公司的松田總經理不作盲目的增產，而且更為將來打算，他還在開發性的投資與整頓銷售網方面，投下了 170 億元的資金。

2.與銷售計劃之間的協調

生產部門的人，絕不願意浪費生產能力吧。比如說，有十單位的能力而僅做八九單位。相反的，他們也一定不願從事超過能力負擔的生產。但銷售方面的人就不同了。他們恨不得依照訂單悉數交貨，同時希望工廠方面如期完成製品。另外，生產部門的人最希望作業上軌道，以便大量製作。銷售部門的願望可又不同了，他們希望儘量滿足顧客的要求，即使是小批生產也好，試制品也好，儘量交給客戶。生產部門與銷售部門的這一出入，任何公司都一樣。其所需要協調的事情也多不勝舉。

這一出入所造成的問題，絕不能讓他累積過多，也不能以儘量解決為手段。這是須於計劃的階段充分協調銷售計劃與生產計劃的問題。例如放棄臨時訂貨的特快製品，維護較具彈性的生產計劃；或是把生產系列的計劃與試製生產系列的計劃分開來，個別的做計劃；或是斟酌生產量而做適當的成本計劃等。總之，這種研究是很重要的事情，應及時與銷售部門做充分的聯絡，把這類問題徹底的解決掉。

設備計劃或開發計劃，必須充分瞭解市場需要，以滿足其需要。所以不能單靠生產部門的努力推進，應使銷售部門亦能協力共同推行計劃才好。

一般來說，凡估計生產的工廠，應採取以生產能力為主體的計劃。假如是受訂生產的工廠，那就應按照銷售部門的受訂計劃與銷售

計劃，配以生產計劃了。因此，可以說，受訂產業的生產是最受市場影響的了。總之，我們必須謀求銷售與生產的一體化，以調整計劃，並製作如表 3-8-1 的受訂、生產、銷售計劃表。

表 3-8-1　受訂、生產、銷售計劃表

月		受訂計劃	生產計劃			受訂餘額	銷售計劃	收款計劃	備考
			製作計劃	完成計劃	出貨計劃				
1	計劃								
	實績								
	差異								
2	計劃								
	實績								
	差異								
3	計劃								
	實績								
	差異								

註：數字表示數量或金額。

3.生產量計劃

調整了生產與銷售之間的關係之後，即可依表 3-8-2 的格式，製作生產量(並記金額)計劃。然後，再根據生產量計劃，製作：工程別計劃、材料計劃、人員佈置計劃、外制計劃、設備維護計劃，作業計劃等明細的計劃了。

表 3-8-2　生產計劃及實績表

月份 產品類別		1		2		3		…	11		12		摘要
		月	累計	月	累計	月	累計		月	累計	月	累計	
A 製 品	預　定												
	實　績												
	達成率												
B 製 品	預　定												
	實　績												
	達成率												
C 製 品	預　定												
	實　績												
	達成率												
D 製 品	預　定												
	實　績												
	達成率												

註：預定與實績，均須於括弧內加註金額。

4.製造預算

表 3-8-3 是製造預算的計算表。費用的分類法，可分為直接費(材料、勞務、經費)與間接費(材料、人工、經費)的兩種，亦可分為管理可能費與管理不可能費的兩種。

表 3-8-3　製造預算實績表

科目		預算編制方式		1 月	2 月
總製造費用		以往的實績＋市場動向＋方針	預		
			實		
製造變動預算	材料費	//	預		
			實		
	外購加工費	//	預		
			實		
	時間外勞務費	以往的實績＋操作狀況	預		
			實		
	動力費	//	預		
			實		
	燃料費	//	預		
			實		
	自來水費	//	預		
			實		
	計		預		
			實		
製造固定預算	基準內勞務費	以往的實績＋方針	預		
			實		
	各項經費	//	預		
			實		
	研究開發費	方針	預		
			實		
	減價折舊費	//	預		
			實		
	其他		預		
			實		
	計		預		
			實		
庫存		以往的實績＋市場動向＋方針	預		
			實		
生產額		數量	預		
			實		

表 3-8-4　預算報告書的式樣例

預算報告書								
××部××課						××年××月		
科目	預算			實績			差額	比率	備考
	前月末	本月	累計(A)	前月末	本月	累計(B)	(A-B)	(B)/(A)	

5.生產力提高計劃的要點

若要提高生產力，則非把下列諸種因素密切配合起來不可，那就是：一人份的生產量、一人份的附加額、設備效率、開動率、操作率、步留率、出勤率、加班時間等因素。當然，制訂計劃與給予計劃生產的目標本身，已是提高生產力的一種動機，但普通是需要有提高附加價值生產力的計劃，以及提高勞動生產力與提高機械生產力等計劃的。

但凡資本彙集度較高的工廠，則必須以提高機械或工程別操作率與開動率計劃為重點，並致力於設備的事前維護計劃。又為充分發揮設備效率，倘需有二班輪流制或三班輪流制等計劃。

若是人海戰術性的勞動密集性的企業，則應以提高一人份生產額或附加價值計劃為主。而單能工之多能工化、實施效率薪資制度、退休制度等，也應是計劃的重點了。

再就是說，無論是資本彙集型的或是勞動彙集形的，諸如特快品

的訂制率,也需要預先加以測定把握,將之納入每月的月別、品種別、工程別等計劃中。尤其是中小企業,這一點似乎是最重要了。不然的話,不僅不能提高生產力,甚至生產計劃都不能稱其為生產計劃了。

表 3-8-5　檢核要點

⑴尋求邊際利益率在 30～40%以上的。

⑵開發並計劃,必須推行 Project planning,並要有期限。

⑶銷售部門會提出小批量的多品種少量生產的要求,從生產力方面說來,固然效率極低,但事實上,中小企業不可能貫徹單一品種的大量生產,所以應使用計劃多品種少量生產的體制。

其次,提高操作率政策、提高出動率政策,以及提高步留率政策等諸多計劃,也都極有益於提高生產力,是不容忽視的地方。又如訓練領班以上的監督層、管理監督層,以增強其能力的計劃,也是很重要的事情。總之,我們必需要有重點。制訂年基本計劃,然後按照計劃,擬出每月→每週→每日的高生產力政策。

6.開發或製品計劃的要點

制訂開發或製品計劃時,請先明白決定期間、預算、負責人,然後製作明細計劃。在計劃期間,凡是沒有什麼作用的項目,一概加以剔除。在高喊開發的時期,人們總是喜歡羅列各種各樣的項目。但是,開發的最大原則,卻是需要及早剔除不發生作用的項目,因為那是無用的東西,況且還可能妨害經營呢。在中小企業裏,我們時常可以看到這種現象。表 3-8-6 是開發製品計劃表的格式及其評價要點。

表 3-8-6　開發製品計劃

No.	主題	負責人	一次選考			開發會議	經過計劃				
			能否	能否行銷	能否製造		三月	四月	五月	…	十二月

		評價項目
能否賺錢	競爭關係	能否佔據領導地位？
	商品壽命	安定的銷售時間是否很長？
	收益性	銷售所能獲得的收益性是否很高？
	防衛力	能不能拿到專利？
	價格政策	能否施行獨佔價格？
能否行銷	市場規模	潛在需要者是否很多？
	業界動向	有沒有安定性，成長力是否很大？
	適當時機	商品化的時期是何時？是否適當？
	推銷方法	現有的推銷力能否勝任？
	宣傳方法	需作何等程度的宣傳？
能否製造	資金負擔	現有的設備與人員能否負擔？研究費？
	技術適性	已有的技術，能否給予解決？
	開發速度	是否需要迅速解決？
	生產形態	能否施行估計生產？

試製：　　　　　　　停止結束：　　　　　　會議：

7.投資計劃最需慎重

計劃投資時，須以投資所可能增進的利益為主體。即使是能順利進行提高品質、新製品生產及降低成本等合理化措施，仍需慎重考慮所需資金調度、資金償還與增進利益等的平衡。一般來說，只要及時檢查下列幾個要點，大致就不會有什麼錯誤了。又決定設備投資時，諸如：MAPI、成本比較法、利益比較法、資金回收期間、投資利率等，也須加以重視。

除了上述各種重要計劃之外，其餘還有：外訂計劃、生產事務計劃、設備維護計劃、工程管理計劃、作業改善計劃、品質管理計劃、工具類管理計劃，庫存計劃、搬運計劃、教育計劃等重要計劃。這些都需要以提高生產力及合理化為主，以達成公司的利益目標。總之，這類計劃都很容易變成管理計劃，這一點是大家尤需注意的地方。

表 3-8-7　投資計劃的檢核要點

⑴僅能為確實可以銷售的製品計劃設備投資，凡是僅僅可能行銷的東西，即不能給予計劃設備投資。

⑵投資利益率的邊際投資點，可設在 20%，在此以下的即不必給予考慮。當然，有時也有例外。

⑶投資回收期間可計劃為 2～3 年間。凡回收期間在 5 年以上的投資，其危險性都很大。

⑷編排與設計宜請專家代為詳細研討。

9 財務計劃的製作與要點

◎「計劃即決算」的故事

所謂決算，如果沒有經營計劃，就不算是決算。總之，如果是沒有經營計劃的決算，就只能算是單單一年間的計算而已，根本不能稱為決算。

必須是先有計劃，例如明確的揭示利益目標，費用目標，資金週轉的目標，以及資金的目標，以這些計劃目標，作為一年間決算的根據。換句話說，計劃與決算是相對應的，是一體的兩面。

因此，既然早已有紅利分配的預定計劃，利益的目標早已預定，在決算時，利益的提高與紅利的分配就可以充分配合，而預算與計劃也就自然而然地貫通起來。因此，我們也必須做到，計劃即決算、預算即決算的境界。

日本東急企業集團的創建人，已故的五島慶太氏，就是因為實施了預算即決算主義，才創造了今日東急企業集團的規模。而這種預算即決算主義，在五島式的生前，也實際在運用的，只有東映社長大川博一人。

因此，由東急企業分離出來的東映公司，乃別於其他因於赤字經營，被稱為「夕陽產業」的電影公司，而與東寶電影公司同屬持續高度成長的公司，確實令人驚奇。大川博經營東映公司(東寶映書)，不管是電影製作，電視片製作，都先確立預算，依預算實施管理。他就是拜受了五島慶太先生以身作則貫徹的預算即決算，計劃即決算主義

的教訓之賜。

在財務及會計方面，首先就要徹底理解計劃即決算，預算即決算的觀念，並身體力行。

1. 在設定損益計劃時，如銷售比過去高，但利益卻未增加時，應該抑減銷售、節約費用。在這種利益減少型的計劃中，要考慮是否應以降低成本為計劃的重點。

2. 為擴大型之計劃，不管銷售，或費用，或人員，或資本各方面是特派員應積極的擴大。此時不管是銷售額，利益率，總資本週轉率等各方面，均呈現樂觀成長的公司，則可擬定利益擴大型之計劃。

3. 為以經營預算為重點的型態，這是屬於銷售再也無法擴展的夕陽產業的垂老景象。

即使有新開發的產品，其計劃也是小心翼翼，針對各項細目的經費都訂定預算，設法節約，以防止經營惡化。

4. 為最惡化劣的態勢，稱為切開手術型。這種情況發生在損益平衡點高於銷售額時用之。

此時，可能必須整頓人員(如裁員)或減少銷售量。甚至將整個工廠脫手賣掉，從根本上實施切除手術。

根據以上論點，最重要的問題是，財務或會計的主管，對明年的計劃及預算，到底屬於何種類型？這必須清楚瞭解判明，向經營者提出建議。

◎資金週轉計劃的著眼點

會計上的二個問題，就是要使損益計劃和資金週轉計劃充分配合。企業界使用支票交易仍佔大多數，因此往往發生不可思議的現

象,即在損益表上明明是賺錢,但事實上資金卻不夠運用。

在經營實況中,損益計劃與資金週轉計劃無法配合的事,仍然不少。在擬訂計劃時,應將公司資金週轉計劃充分配合損益,檢視其中是否有差距,而清楚把握,以免公司在不知不覺中陷入危險的處境。

◎不合理、驕傲、疏忽,是事業的大敵!

特別強調事務之禁忌:「第一為不合理,第二為驕傲,第三為疏忽大意,第四為吹噓不實,此為事業之禁條!」而強調「有始有終,算與用」事業成功之道。

算用與有始有終,算用就是必須先具備有計劃的做法,而有始有終是在執行計劃途中要能節約之意。

所謂有計劃的做法,必須事先能判定經營方向,訂定可以執行的計劃方案,如此可以避免不合理的發生。在經營過程中,還要不斷仔細盤算?不疏忽任何控制重點,努力節約,而不事虛矯奢華,也不自欺欺人,如此堅韌不拔,依計劃執行,終能有成。

在日本有名企業的社訓,往往發現一個共同點,就是強調,企業技術革新,算用→計劃化,以及始終→預算控制的語句,成為事業經營的支柱。在今日,這種企業方向仍沒有變化,而繼續保存下去。由這種觀點出發,我們應考慮損益計劃,與資金週轉計劃,並應有充分的體認。

◎擬訂收入計劃與支出計劃的要點

1. 除要確實估計銷售情形之外，更要擬定收入計劃，而在收入計劃中，最重要的就是資金週轉計劃。

資金週轉中應估計的項目，有費用、應付票據、人事費（薪資）等項，而且還要稍為高估一點，這是計劃的鐵則。

2. 要將週轉資金與設備資金完全分離。設備投資計劃所需資金若不運用長期借款來支援，而把貼現票據和週轉資金也給「軋」進去，如此盲目的經營，會導致嚴重的後果。

由此可見，在資金計劃中，週轉資金與設備資金必須妥善分離，個別為計。

設備資金如有不足之時，既然不准動用貼現票據，因此最好求之於銀行（或開發銀行），中小企業也有「中小企業銀行」等融資機構，可以極力利用其資金作長期的運用。

◎資金計劃的八項要點

茲列述資金計劃之八項要點如下：

1. 收入資金要確實配合生產計劃，也要完全配合銷售回收計劃。收入資金必須依此原則仔細盤算。

2. 支出資金必須稍加多估。尤其是應付未付款項，借款之歸還，利息、獎金、稅款，均應高估。

3. 應收賬款回收計劃必須再三檢查，以策安全。

4. 有無設法從事存貨、資金之壓縮計劃。

5. 有無設法確立資產活用處理之計劃，尤其是指不必要，不急用的閒置資產。

6. 採購的應付賬款之支付，有無漏列。

7. 金融計劃有無疏忽遺漏或差錯，尤其是如何與銀行交往。

8. 週轉資金必須與設備資金完全分離，個別運用。

在有關週轉資金中，必須極力將應收賬款回收，壓縮存貨，將不用或不急的資產加以活用處理，防止與利益無關的資金的流出，運用應收票據轉用支付，向主要供應商交涉，提高應付賬款信用額度。

如果在銀行之存款貸款比率不佳，則是否考慮增加在銀行之固定存款額，藉以提高存款貸款比率？或向銀行交涉，直接提高存款貸款比率？這些金融對策項目都是必須徹底籌劃，這就是資金週轉的重點。

◎確立月份別預算化制度

針對財務及會計方面，討論擬定損益計劃及資產資本計劃的方法，但最好要加以綜合，做成綜合計劃，以表格顯示出來，而且最好還要細分為月份別、科目別的詳細計劃。

這種綜合預算，包括了①損益預算，②資金預算，③資本資產預算，共三大範圍。收入預算，銷售時機預算，廣告宣傳預算，銷售損益預算，各項之組合。

其次大項目為製造預算，包括了生產額預算，原材料預算，勞務預算，製造經費之預算，修繕費預算，以及製造損益預算等各項。

其他，還應包括研究開發費用預算，一般管理費用預算，營業外損益預算等也在損益預算之中。

在②為資金預算，包含了營業收支預算，營業外收支預算，財務收支預算，票據收支預算，現金收支預算，設備預算，投資融資預算，特別收支預算等。

無論如何，這些計劃，都應該再細分為月份別資金週轉計劃，如再進一步細分，成為旬別、週別、日別之計劃，與每日例行工作(Daily Work)完全配合，那就完全達到預算化的效果了。

◎損益計劃與資金計劃

現代經營的兩大計劃是資金計劃與損益計劃，而現代經營的所謂撙節，就是預算控制與成本管理了。把這些從金錢方面加以管理與計劃的事情，就是經營所賦予財務或會計的責任。假如我們不善於管理或計劃的話，將來就要遭到笑話了。

現代經營的財務與會計的作用，在於使資金循環無阻，並綜合管理損益情形。假如財務、會計的決算結果，一無足可稱道的地方，那就是從前的消極的財務與會計了。倘若我們要避免被古人恥笑的話，我們就應該釐訂現代化的財務或會計的計劃，以推動現代的經營。

表 3-9-1　資產資本計劃概要表

項目		71 年實	72 年計
所需資金	設備資金		
	流動資金		
	償還借款		
	投　　資		
	計		
調度源	折　舊　額		
	公　積　金		
	計		
資金超過/不足	資金超過/不足		
資金對策	增　　資		
	公　司　債		
	借　入　款		
	現存款增減		
	計		
預估 B/S 之推移	借方	流動資產		
		固定資產		
		投　　資		
		（遞延 a/c）		
		借方計		
	貸方	無利息負債		
		有利息負債		
		總借借入款		
		公　司　債		
		存　　款		
		總資本金		
		貸　方　計		
		（長期借款）		
		（短期借款）		
諸比率	（銷售額利益率）	%	%
	（投入資本週轉率）	%	%
	（投入資本利益率）	%	%
參考事項	週轉率		
	銷售		
	損益		
	投入資本		

　　財務、會計計劃的主要任務，就是必須把握「量入為出」的大原則，按照方針與目標，把生產與銷售等諸種計劃整理成損益計劃、資金計劃、資產資本計劃。

　　根據這些計劃作精密的預算控制，並以管理費為中心，實施管制計劃。資本資產計劃，就是所謂的預估 B/S，有了這個計劃之後，只要平常徹底實施資金計劃，就可不必每月做月計劃。到了年底則可如圖 3-9-1 做一份簡單的計劃就行。

圖 3-9-1　預算關連圖

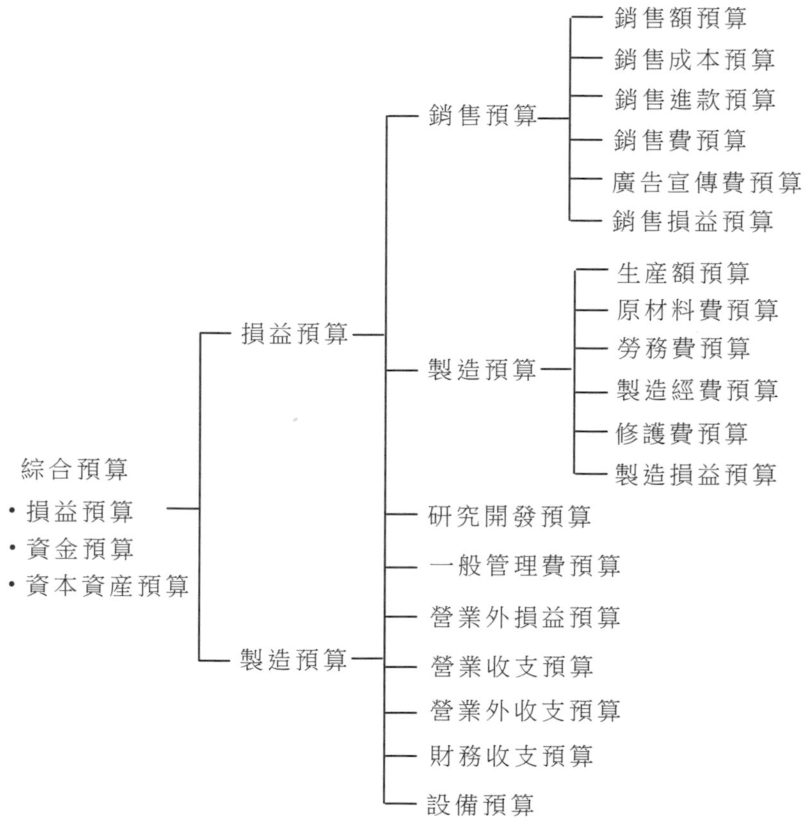

銷售預算 ── 銷售額預算
　　　　　── 銷售成本預算
　　　　　── 銷售進款預算
　　　　　── 銷售費預算
　　　　　── 廣告宣傳費預算
　　　　　── 銷售損益預算

製造預算 ── 生產額預算
　　　　　── 原材料費預算
　　　　　── 勞務費預算
　　　　　── 製造經費預算
　　　　　── 修護費預算
　　　　　── 製造損益預算

損益預算 ── 銷售預算
　　　　　── 製造預算

綜合預算
・損益預算
・資金預算
・資本資産預算

製造預算 ── 研究開發預算
　　　　　── 一般管理費預算
　　　　　── 營業外損益預算
　　　　　── 營業收支預算
　　　　　── 營業外收支預算
　　　　　── 財務收支預算
　　　　　── 設備預算

◎損益計劃的要點

　　若是小企業，諸如生產及銷售等所有損益計劃與預算，均可由會計部門負責制訂。

　　不過，必須儘量聽取有關人員的意見，以加強他們的參加意識。尤其是作部門別計算或商品別計算時的間接費的分配，這種措施最為重要。

　　假如生產部門與營業部門均有募僚人員時，則其所擬訂的計劃，應一併送至會計部。審議決定時，均需邀請各費目的負責人與會。不過，最後的綜合決定，仍應由經營者來決定。

　　變動費需以對銷售額或生產額的一定目標比率為中心而制定，固定費則可當作目標額來制定。

　　間接費是無法直接計算的一種費用，不必勉強分配計算，可令發生單位自行管理。

　　電費、水費是測定經費，只注意維護計器的完整就行了。折舊費與獎金是月付經費，需以月付計算每月、編入計劃中。

　　間接費的分配，可依科目與實際情形而啟用銷售比率、人員比率、資本比率、小面積比率、人工費率等。

　　假如可能的話，應儘量多準備一點預備費，以為不時之需。

表 3-9-2　年部門別經費預算表

	1 月						
	統制 總額	計劃 總額	A 部門	B 部門	C 部門	D 部門	E 部門
生產金額	/	921361	333289	300872	245774	25756	16470
生產比例	/	100%	36.2%	32.7%	26.7%	2.7%	1.7%
預備費							
利息	5500	5500	1894	1706	1600	150	150
折舊費	5500	5500	1900	1700	1630	150	120
修護與雜費	1980	2200	440	620	680	65	65
廣告費	1330	1550	702	648	107	40	53
接待費	290	350	117	105	60	34	34
退職金	1000	1000	470	380	120	14	16
保險費	450	450	1152	138	135	15	10
租稅稅款	800	800	235	220	175	140	30
租賃費	300	350	174	156	20	0	0
雜費	400	500	181	164	134	13	8
事務費	250	30	109	98	80	8	5
通信費	600	650	235	213	174	17	11
旅費	880	1100	386	347	93	137	137
製造試驗費	220	250	60	53	23	57	57
管理研究費	480	550	188	170	41	26	25
辦理手續費	100	100	42	38	20	0	0
檢查手續費	100	100	57	43	0	0	0
自來水費	400	450	175	117	135	13	10
合計	20580	21700	7888	6975	5227	875	731

◎資金計劃的要點

需徹底認識本身財務第一主義的大原則。這是很重要的事情。年
資金計劃表尚需分解為六個月、三個月、一個月的精密資金計劃，然

後製作類如表 3-9-3 的旬別計劃，再製作表 3-9-4 的日報表，把每天的活動納入「量入為出」的資金計劃中。

表 3-9-3　旬別資金調度日程表

年　　月份 (單位：千元)

上旬			中旬			下旬		
日期	收入	支出	日期	收入	支出	日期	收入	支出
月初餘額	賒售款		本月預定	銷售商品				
	應付票據			採購商品		合計		
	商品							
	應付貨款			所收貼現票據		相抵		

支付票據清賬明細表								
日期	A 銀行	B 銀行	C 銀行	D 銀行	E 銀行	F 銀行	G 銀行	H 信用	合計
計									

本月預定資產（　）　償還借款（△號）								
計								

所收貼現票據								
計								

備考：
①支票決算銀行以 A 行為 80%，B 行 5%，C 行 5%，D 行 2%，E 行 2%，F 行 2%，H 信用 2%
②應付票據餘額達××萬元時，其超過部份即用作轉付票據。

註：①需每 10 日向總經理報告一次貼現餘額。貼現票據餘額＝該旬初貼現餘額－所收票據；

②此外如賒售款餘額、應付貨款餘額、應付票據餘額、支付票據餘額，亦須一併向總經理報告。

表 3-9-4　資金調度日報

		前日餘額	收入	支出	餘額	現有支票	銀行入款
現金							
劃撥儲金							
		前日餘額	受款	付出	餘額	貼現額度	單價額度
活期存款							
	合計						
其他存款	銀行　種別	普通	定期				合計
	合計						

儲蓄未到期支票		現有支票		支付支票		借款	
日期	金額	日期	金額	日期	金額		
5		5		月	上旬		
10		10			中旬		
15		15			下旬		
20		20		月	上旬		
25		25			中旬		
月末		月末			下旬		
其他		其他		…	…		
合計		合計					

表 3-9-5　資金計劃的檢核要點

①收入資金是否根據確實的銷售回收計劃？其回收又是否根據確實的生產計劃(假如是商社的話，那就是採購計劃)？又，計劃是否訂得很低？

②支付資金是否定得過多？未付款或是借款清償利息、獎金、稅金等，有沒有被遺漏了？

③應收帳款回收計劃是否很週到？請再檢查一遍。

④有沒有盤存資產的緊縮計劃？

⑤不必要的閒置資產的利用或處分計劃，是否做得很好？

⑥採購或應付賬款的支付，有無被遺漏的？

⑦金融計劃有無疏忽的地方？

⑧週轉資金與設備資金是否分類了？

◎金融政策與自有資本的充實政策

例如提高應收賬款的回收率、緊縮庫存、非必要資產的活用與處分、防止資金流出、買方的轉付、向主要採購對象交涉提高賒買限度、預貸率不佳時即取消固定存款等。

在現狀下，即使如此做好了，在本質上依賴他人金融的程度，也依然是很大的。我們的財務政策，不僅要用以推展資金計劃，在財務、會計上也是必要的一種措施。因為依賴他人金融的程度很大，充實本身資本的措施就愈顯得重要了。這裏，簡單的研究一下這方面的政策。

1.對融資機構的政策

請標明事業所應邁進的方向吧。這方向就是所謂的長期目標或理想，然後再加強對計劃的月次決算等計數管理，請在每月的五日做好前月份的決算。而那一企業若做不出月次決算，那就不能說它是企業

了。

　　做出月次決算後，經營者可親自向金融機構說明自己事業的推移。只要你的事業可能有遠大的前程，即使現在是赤字經營，在金融機構來說，他們絕不會坐視不救的。像這樣的金融態度，歐洲人管他叫做生產力金融。不過，經營者若要博取這樣的金融援助，非要有確實可靠的事業計劃不可。再就是說，在爭取財務援助上，經營方面是需要有一家主力銀行的。

　　假如說，你有五、六家往來銀行，其中沒有一家主要銀行，時而這家借點錢，時而那家借點錢，那就不是明智之舉了。你應有一套完整的計劃，若是花旗銀行就是花旗銀行，而且要選擇其中第一流的花旗銀行。然後再安排幾家次要銀行。在銀行方面來說，他們也一定會把你當作重要客戶而不敢怠慢。有了一個主要靠山之後，任何採購與銷售，都可放心的做了，這就是經營者需要有主要銀行的道理之所在。

2.週轉資金與設備資金的分離對策

　　從一般金融機構貸借週轉資金，設備資金則從長銀、開銀、興銀、中小金融、商中金庫、國民公庫、都道府縣、僱傭促進事業團、厚生年金事業團、中小企業設備近代資金等機構貸借。我們需要奠定這個原則而計劃對策。若為增加設備而向花旗銀行或信用金庫貸借年利10%的短期資金，那就未免太愚蠢了。

　　最近，中小金融等貸放設備資金的專門機關，只須年利八分就可借到錢了，比向信用金庫借款有利得多。不過，對方的審查手續是很嚴格的。

　　總之，請你把設備資金與週轉資金的調度對象，明確地劃分起來吧。

3.利息對策與貸入資金效率化對策

我們必須好好的利用金融機關。而要做最佳的利用，即必須時時盤算利息負擔率與存款貸借率。

首先談談利息負擔率吧。假如是製造商的話，應抑止在 4%以內，商社則抑止於 2%以內，否則就可能發生危險。例如：

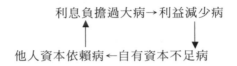

如此就要陷入惡性循環的漩渦中，目前的利率，已依票據面額而規定有標準貸放利率，間或亦因交易品種之不同（例如，日銀再貼現的，或是一流的，或二流的等等），而有所不同。若以存款抵押而貸借日息二分錢以上的，或以一流的品種而貼現費在日息二分錢以上的，那就需要重新檢討檢討了。因為這等於浪費利息，把利息奉獻給銀行一樣。雖說是一、二釐的利息對幾千幾億的貸款或貼現費，我們也絕不能忽視的。利率是依合作社、金庫、相銀、地銀、市銀的次序，一家比一家高，最低的是市銀。但是，同樣是市銀，其中皆因各銀行的性格或作風而有所不同。這些在貸借時，也應加以充分的考慮。

假如是製造商的話，可決定於 3～4 倍以上（因貼現票據之品種而有若干的差異），若是商社的話，可定在 2～3 倍左右。若是在固定存款的 1.5 倍，那麼其資金效率可以說是太低了。

4.擔保力就是清償能力

綜合不動產擔保（時價的 60%）、存款、公司的將來性，經營者的態度（信用）等等的，就是所謂的擔保力。所借款項若超過這綜合擔保力，那就很危險了。因此，執公司之牛耳的經營者，必須明白瞭解借

款的擔保力，就是清償能力。

　　一般來說，企業的自有資本比率之所以如此微小，其原因都在已繳資本。這是我不得不指出的地方。從分析結果來說，毋寧說，已繳資本頗有過大症的傾向呢。已繳資本若高達月銷售額的 2 倍或 3 倍，就是一種反常的現象。最適當的數額應是 1～2 倍左右，超過這一程度，當然要失去紅利的分配能力了。

　　那麼，怎麼說自有資本會過小呢？或是看起來那麼小呢？第一，那是因為總資本太大了。也就是說，總資產有了累贅的緣故。其次是說，公債金太少了。這事情尚與日本的稅制有關。總之，這兩點是自有資本過小的最大原因。

　　因此，在這裏不得不說，一般人以增資充實自有資本的方法或觀念，是很大的一種謬誤。簡單扼要地來說：

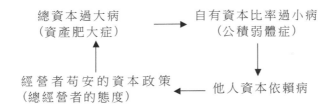

　　那麼，根本方法就是矯正總資產肥大症及其背後的所謂公積弱體症的基本體質了。這是當前經營界的急務，是最有效的提高自有資本比率的良策，同時也是充實自有資本的唯一辦法。

　　因此，可以說，當前最佳的充實自有資本的政策，就是一：全力緊縮總資產及努力提高利益，儘量把所提高的利益保留於內部。

　　此外，諸如：月次決算的快速化計劃、計數管理的高度化計劃、成本管理、事務機械化、監查計劃等等計劃，也都很需要。

10 人事、勞務計劃的製作與要點

　　人事部門的工作，很難單單以數字來表示，往往有相當深奧的內涵，而且會發現愈幹愈無止境。好像是不做不行，又好像稍為馬虎一點，也不覺得如何嚴重，做得好不好，也不易判定。

　　但是，人事方面的計劃卻非得好好去做不可，因為從長遠眼光來看，今後企業的成長發展，是取決於人事方面的措施。

　　人事計劃大概可劃分為下列三大項：

　　1. 非計量之計劃。

　　2. 從業員最關心的計量計劃，如薪資、員工福利等實質上的計劃──這是從業員提高生活水準的計劃。

　　3. 增進心理滿足感的計劃。

◎應該做的措施先設法做好

　　此項計劃的要點，屬於很難計量化的計劃範圍，其內容完全以人事考勤為中心。

　　譬如說，安全衛生週計劃在何時？健康診斷要每年舉行 2 次或 3 次？在年底感冒流行之際，是不是要提前在十二月十五日實施全公司員工預防注射？這些行事事項，都要詳細訂明公佈。不僅要符合政府勞工管理部門的基本要求，更要積極為員工的福利著想。

　　更漂亮的做法，可以找到其他公司的行事曆，參考其每日、每週、每月的行事計劃，更進一步創造本公司自己的行事預定表。

譬如，為紀念公司創業，預定休假幾天？暑期是否要休假 10 天？八月份是否也休假？在今日企業界，如何使勞動時間漸漸縮短，這是 70 年代的主要課題，必須加以考慮計劃的。

迄今為止，日本的勞工，其產業之每週平均上班時數，依「勞動省」之統計。在美國，已完全實施 40 小時上班制，蘇俄也是 40 小時，西德、英國、加拿大、法國、義大利各國，大多維持在 42～45 小時。

要達到國際水準，勞動時間的縮短也是一大課題。最少要規定從現在起三年間，暫先實施星期六上班半天，休假半天的方式，而且標明在行事預定表上。

這種公司行事預定表的方式，已逐漸為一般企業所採用，甚至也有人在名片的背面，印上本公司行事曆。

◎有關之教育訓練計劃

這種計劃較為簡單，稍有水準以上的一般企業都已採行。

更進一步的，本次教育訓練計劃要如何擬定？在春季新進人員入廠時，別的公司有沒有相類似的新進人員教育？是不是確實很有效果？這些都是值得研究的。

有些公司認為新進人員訓練並無必要，因此把它廢止，改以在新進人員入廠服務六個月後，再灌輸基本的新進人員教育。

一般來說，新進人員教育計劃，大多不在三月或四月舉行，而都在夏季舉辦。

這種教育訓練計劃的範圍，不僅施用於新進人員，也可用於一般從業人員的教育訓練，以及技能訓練，或業務員、管理督導人員之教育訓練，以及更高階層的經營者教育。這些教育訓練的方式，有的採

取 OJT(在職訓練)方式，有的則運用學校方式教育。至於教育的場
所，則有的在公司內實施，有的參加企業外研討會，各種各樣的方式
都有，值得好好去計劃。

◎運用長期計劃培育人才

就以派遣人員參加外界研討會為例，如果缺乏年計劃，或者不依
計劃去實施，是不易有收效的。

譬如說，接到昨天剛送達的培訓說明書(DM)，發現該項訓練似乎
很不錯，就臨時決定派遣某某人和某某人去參加，這種教育訓練法是
最沒有效果的。由於教育訓練是一種長期著眼的投資，因此在年經營
計劃中應該編入教育訓練，甚至要具備至少五年的長期教育訓練發展
計劃。

表 3-10-1　教育訓練計劃表

種類		對象	年預算	主題	
				月	
①經營者教育		董事及候補者	千日圓		
②管理人員教育		經理、課長、廠長	千日圓		
③督導人員教育		現場或第一線督導員	千日圓		
④從業員教育		一般從業員	千日圓		
⑤新進人員教育		新進人員	千日圓		
⑥女工教育		女員工	千日圓		
⑦教養講習		指名	千日圓		
⑧專門教育	①技能訓練	有關生產之技術員	千日圓		
	②推銷員訓練	推銷員	千日圓		
	③事務員訓練	事務員	千日圓		
	④計量訓練	必要時指名	千日圓		

　　至少，企業內應編列教育訓練的預算，除預算數字之外，還應該與其他企業，其他時期互作比較，以利檢討。

　　教育訓練之計劃，應與工作要求及能力開發計劃完全吻合。有關教育訓練的主題、時期，最好能向受訓人員作意見調查，才付諸實施。

　　如果能夠依照這種流程去進行，則不僅教育訓練計劃容易推行，從業員的心理抵抗感也可以大大減少。

　　因此，人事管理員最好不要獨斷獨行，而必須一方面計劃，一方面聽取員工們的反應，從而改訂其方針。而且要針對各階層各方面，使員工們參與人事訓練計劃，則效果必然妥善。

◎兼職人員或臨時僱員的就業目標

　　在非計量的人事計劃中，人事及勞工關係法規之研擬整理，也很重要。

　　譬如說，在今日，一般從業人員之就業規則，退休金規定，以及薪資待遇之規定，大多已有定案或已在實施中，但要找出一家企業，能對兼職人員（Part timer）或臨時人員設定制度的，卻是鳳毛麟角。一般的就業規則，對兼職人員、專案聘僱人員、臨時僱員，常常忽略或不完備。因此，有些兼職的家庭婦女，在公司服務了三、四年後，常提出質問：「我們到底有沒有年特別休假呢？」

　　因此，由於臨時兼職人員愈來愈多，這種要求的聲浪也愈來愈大，這是值得身為管理人員的我們深思考慮的大項目。

　　為解決此問題，最好在正式從業員與臨時兼職人員之間再設定一種「準從業員制度」，規定明年兼職臨時人員的優待條件，將這種「準從業員制度」公佈出來，則這些兼職臨時人員就會瞭解：「原來還有

準從業員制度，值得我們努力。」如此，可以提高企業的向心力及勞動意願。

其他事項，例如規章規則的整理宣導，是否也有計劃？是否有協助員工購屋置產之福利制度的計劃？或者國內進修制度之計劃或到國外留學進修制度的計劃？各種各樣的非計量的人事工作都應該有明確的計劃。

◎應該擬具比一般水準還要高的薪資計劃

以上均為易於著手的非計量計劃，僅有這些是不夠的，還必須加上薪資與其他福利方面，作為計劃重點，才算完備。

如果薪資很低，我們就不可能寄望員工肯努力工作，高度士氣更不可能形成。身為企業經營者，有責任使員工薪資比一般水準還要高，至少要具備這種觀念。消費者的物價基準年年提高，則每年的薪資至少應調整幅度，否則就不能算是實質的薪資調整。

如果依照這種基準去計算，就必然形成四年薪資倍增的現象。這種薪資調整計劃如何擬定，勿寧說也是長期計劃，以及年經營計劃的重點所在。

如果工會沒有特別要求，公司就不提高薪資，甚至儘量設法壓低薪資，如此一來將使計劃、經營都無法做好。所以做為薪資計劃基礎之薪資政策的確立，是很重要的。

明年薪資要提高多少？這還是不能不確立計劃目標的。譬如說，本公司預定在明年提高員工薪資 20%，亦即平均每人調整 8500 元，如此明明白白地揭示，是應該做而且有效的計劃。

不論如何，即使有再強的勞工組織，這種方式也可以避免過分激

烈的勞資糾紛。如果是勞資缺乏互相依賴的公司，能有這種確切地計劃，而加以約束，則自然可以消除問題的根源，而且不再發生困難。

　　不管有沒有勞工組織，或互相間有沒有信賴心，薪資的提高、勞動時間的縮短，休假日數的增加，這種提高員工生活水準，改善待遇等項目，都應該直接擬訂為計劃，且要明白確定公佈。

◎待遇高、人員少、利益多

　　員工既要提高待遇，又要縮短上班時間，加上要求更多的休假日，公司除了必須接受這延續條件之外，不得不創造更高的利潤。這是企業經營所面臨的最大挑戰。身為經營者，必須面對艱鉅，努力去實現這項重任，以滿足員工的期望。經營者除了有此體認外，更需要清楚揭示此目標，如此才能真正建立勞資互助互利的體制。

　　首先，我們要大膽地提出計劃，確定薪資要提高到何種程度。再研究為要提高薪資待遇，明年的平均每人附加價值必須提高到何種水準。或者：還必須更詳細的深入規定，在生產工廠，每小時附加價值必須提高到什麼水準，這也是必須同時明白宣佈的項目。

　　此外，為提高附加價值，原材料成本又必須降低多少？原材料的收率（製成率），製品的收率又必須控制在何種程度？這些項目也是必須明確表示的要點。

◎以附加價值之分配原則來計劃

　　由以上觀點，如果達成附加價值之期望水準，則附加價值分配予薪資的分配率應該是多少？本公司準備如何訂定？這是很重要的連

帶條件，也必須明白發表的。

無論如何，附加價值的薪資分配率，沒有必要每年固定不變。實際上，每年都可以變化，例如很多外界條件的變化，如原材料漲價，售價也跟著漲價——則使附加價值薪資分配率難免有上下變動，這是設定計劃的必要技術。

總而言之，薪資政策必須有基本的立場，依系統觀點論之，欲提高薪資，則不能不提高附加價值，欲提高附加價值，則必須抑減材料費及採購外包費等主要成本。這些步驟都必須列成計劃，而且要使全體員工充分理解，有旺盛積極的實現意願。

總之，薪資要提高，銷售額及生產額的附加價值也應該努力提高，需要提高多少要與人事方面的提高薪資計劃互相配合。

◎克服人事費高漲的情況

面臨人事費用高漲的時代，就會如坐針氈，毫無對策。人事計劃的中心，必須轉移到如何提高薪資的計量計劃上，一切非要清楚明確擬定不可。

更確切地說，欲提高薪資 10%，則平均每人附加價值必須要多少？此時原材料成本，採購外包費用等主要成本必須控制在多少？而銷售額也必須達到何種水準？這些重點都必須讓全體員工充分認識才好。

◎加強上下溝通，給予充分的心理滿足感

年計劃的第三大支柱，就是如何增進員工心理上、感情上的滿足

感。這可以說是非常困難的問題，也可以說是很容易的問題。

YHO「世界保健衛生局」曾對「健康」定義如下：「人類的健康，應該不單以經濟上、肉體上的健康為滿足，應該更進一步的求取精神上的健康」。必須是要這三項都一起達到某種水準，才可稱為健康。

薪資待遇僅能增進員工經濟上的滿足，也僅能以使生活豐裕化為計劃範圍。但是，薪資雖高，而心理上，感情上的滿足感未必就能得到。

總之，除了相結合員工較高的薪資之外，還必須使他們參加經營計劃，互相協力推進，培養其積極參與的氣氛。要達到這種目的，首先要寄存經營者與員工之間的無形之牆——階級阻礙。從今起，不築這種拒人千里之外的牆，即使早已存在的鴻溝，也須即刻努力去填平。

欲達到互相溝通的效果，具體的方式如舉辦慶生會，製造經營者與員工親切交談的機會和場所。或者設計一個特別時間，像「經營者交談日」，使所有員工能夠直接找到董事長或總經理，面對面談話。這種機會至少要每個月有幾次。如此，經營者可以直接聽取員工的心聲。

其他的方式，例如舉辦「諮詢制度」(Conselling system)擬定互相溝通的方法。如此可以使勞資間、員工間互相增進瞭解。員工如有不平不滿，以及員工的一般想法意見，都可以反應至高階層，而使一切明朗化。

相對的，經營者在努力的提高員工的利益，這可以使員工瞭解而感動。員工可以由此瞭解得到，經營者的工作是非常繁重困難的，而非奢華享受的。

◎情報傳遞管路、寬比長為佳

為了強化互相溝通的功能，這種「溝通意見」的管路應該愈寬愈佳。企業最大的缺點之一，莫過於意見溝通的路線太長。

一般的公司組織，在董事長之下有：常務董事、總經理，其下有各部門經理，再下面有廠長、處長，再來是課長、股長等，一般企業大多不脫這種形態。

如果董事長不經由這種長而細的路徑，而直接接觸一般員工甚至直接下命令，則一般管理人員必然發生不滿情緒，暗罵：「沒動，被輕視！」甚至抱怨，「我們的董事長簡直就是一個獨裁者，無視於我們這批管理人員」！

相反地，在今天美國的企業，董事長、常務董事、總經理，均統稱為「高階層執行者(Top Executives)，尤其大企業必有高階層人員的房間，在這裏董事長、總經理、副總經理在內的領導者以每日互相協定的方式來進行工作。

在美國，副總經理的職務就好像是第一線的部隊長，因此副總經理常常就是營業部經理兼工廠廠長。在這種實務的副總經理之下，就是一般性直接帶領工作的經理級人員，所以意見溝通的管路很短。

◎掌握住員工的士氣

再者，就是針對員工的意見，如何加以確實掌握。為達到此目的，一個公司最好每年至少舉辦兩三次士氣調查(Morale Survey)，一方面設定此類計劃，一方面要設法實施。

　　譬如說，薪資提高了，員工對自己上司的態度也應該提高才好。但到底提高了多少呢？工作場所同事間的人際關係是不是更好了呢？是否仍有心理上、或感情上的不平不滿呢？如果有這些現象，則工作效率不可能提高，而問題也會產生。

　　解決這個問題，首先必須掌握住員工的感情以及心理狀態。士氣調查的重要性，由此可見。

　　在美國，電腦巨人 IBM 公司曾實行一種制度──叫做「Speak up system」以不忌批評自己同事或上司為宗旨。這種批評方式，可以指明被批評責難的對象的姓名，但提出責難的人卻可以匿名。這些被指名責難的上司同事，必須針對這些責難，在公司報刊或朝會中，在眾人面前，加以解釋明白，同時也發表自己將來的努力方針，如何避免此類問題的發生。

　　這種 Speak up system 如與朝會或檢討會方式相密切結合，或活用其他意見溝通的路線，甚至與行事計劃表配合，效果更佳。

◎貫徹尊重人性的原則

　　最後，也是最重要的一點，就是公司內要培養良好的人際關係（Humen Relation）。如果有阻礙人際關係的問題存在，由員工提出問題，再依計劃定期舉行會議來調解，專事解決此類問題。會議還應該要定期的依計劃去舉辦。

　　如果公司內有工會組織，不斷要求提高薪資，或要求發放獎金紅利，公司方面則被迫參與研討，不斷妥協，這是消極的做法。相反的，積極的做法，是由公司或人事主管，主動促成勞資協調會議的舉行，一月份在那一天，二月份又決定在那一天舉行？很主動地安排，站在

有利地位。不斷提示工會這些協調會議的日程計劃表,預先準備好公司營運業績狀況,以及年計劃推行實況,讓工會成員清楚瞭解。

當然,有些機密事項是沒必要公開發表的。但只要是影響員工的事項,就應該讓工會幹部知悉,也可以經由職權組織系統加以發表。這種方式,如在設有工會的廠家實施最為有效。勞資協調會每月舉行時,也要配合部門會議,以及提高生產力委員會議,使若干計劃一起配合,是非常重要的。

這種勞資雙方不斷協調的計劃方式,可以使員工充分瞭解到年經營計劃,而不知不覺間腳步就配合上。以往對立的問題,也因此可以自然消除了。

◎最重要的是勞資合作

1. 以勞資平等精神彼此信賴

勞資之間,如果不是以平等立場奠立合作的姿態,社會就要陷入不信、不和與混亂的局面。生產、銷售、財務會計等各種計劃,均可根據數學來計劃。但是,人事或勞務等計劃所需的都是非計數性的因素。制訂計劃時,一定要根據許多眼睛看不到的人性關係或感情,或是觀念等等複雜因素。所以,棘手之點最多。

當然,若是敷衍塞責的計劃,那就簡單多了。但是,假如是認真計劃的話,相信誰都會感到越計劃就越感到深奧了。有人說,事業之經營是自人而始,自人而終,這話誠然不錯。人事、勞務計劃就是給各部門計劃以動力、活動的源泉。

在勞資互不信賴的地方,縱然訂出再好的工資計劃,也一定無法運用。在勞資之間缺乏信賴關係的地方,經營就不可能有所發展。即

使表面上計劃得很完美，業務也一定不會有所進展。總之，最終最根本的問題，就是經營者對從業員的勞務政策。

2. 東洋工業松田總經理的勞務政策

「員工是認為『我不是為總經理的奢侈生活而工作的』。所以，我必須推行與這種觀念相匹配的政策。」

這是擁有員工兩萬名的東洋工業公司總經理松田恒次，在經營者會報上所發表的一段談話。東洋工業的資金 252 億元，是業已創下年間銷售額 1200 億元，包括稅捐的年間純益 150 億元的優良公司。

松田總經理是一位非常卓越的經營者。他在經營中，一心一意想要創建「可使員工發揮工作熱誠的企業」。無論是從安定的勞資關係來說，或是從高度的收益性來說，或是從機械化、合理化與開發力方面卓越的革新措施以及高薪資方面來說，東洋工業都是很突出的一家公司。以下引用松田總經理的談話，來看看他們的觀念吧。

「我們的紅利分配，也與一般人的相同(年 16%)。不過，最高階層的分配額極低。董事們都能分清公私關係，過著樸素的生活。所以，有了收益時，不是與員工共同分享，就是往福利保健方面投資了。

我也不敢自誇，只要大家看看我們的供餐設備，或是公司住宅、住宅融資(為員工房產貸款達 7 億元)、附屬醫院、工作環境就可以知道，我們已作了很大的投資。就以薪資來說，像廣島這種鄉下地方，已經綽綽有餘了。(薪資平均 4.8 萬元，平均年齡 29 歲，每人每月福利 2.1 萬元)」。

從總經理的這一談話即可窺知他們的勞務政策。

此外，一定還有許多類似松田總經理，採取進步的勞務政策的人。不過，在中小企業中，那些任意驅使勞工的經營者，似乎仍舊大有人在呢。這類人的觀念，極需儘早的改變過來。

曾對 200 家的大企業與 200 家的中小企業的人事管理做過實態調查。結果發現，有 12%的大企業與 52%的中小企業，都沒有實施勞務政策。他們所提出的理由，不是說未有確立組織，就是企業歷史簡淺等等，以致造成有 35%的中小企業都沒有人事或勞務的負責人。未作人性關係與士氣測驗的亦多達 80%。表示不要勞工工會組織的企業，亦有 60%。至於所謂的計劃，根本就免談了。

◎從簡單的非計數計劃著手

依照就業規則，每年應有兩次加薪。但實際上，不到真的要加薪時，誰也不敢保證能被履行。至於那種時期與標準，更是渺茫而不可捉摸。甚至，即使是假日也未必就能休假。因此，士氣之低落，自是意料中之事了。

所謂的人事、勞務計劃，大致有：計劃調查、任用計劃、工資計劃、教育訓練計劃、安全計劃、福利保健計劃、勞力管理計劃、服務計劃、規定規則整頓計劃、組織計劃、勞資安定計劃等很多。若想猝然策訂工資計劃，事實上恐怕很難令人滿意。所以首先不妨做做不用計數的，諸如年內例行事宜計劃等非計數計劃。

表 3-10-2 就是一種例子。加薪定在 3 月與 9 月，獎金定於 6 月 15 日與 12 月 15 日發給。把這些例行事宜列入例行事宜計劃表明白地表示出來，毫無疑問的，一定可以收到很好的效果。

假如人事、勞務關係的規定規則，尚未整頓好的話，可於其次逐一的著手計劃。如此，依人員計劃、組織計劃、福利保健計劃、教育計劃、工資計劃等，逐次做下去就好了。

表 3-10-2　年間例行事宜預定表之一例

行　事		
	總務部	企劃部
一月	1日　元旦 4日　開始工作年頭發表方針 　　　創立紀念日　新團拜 15日　成人式 16日　徵試中學畢業生 28日　寄發就職指導	職務分析及分掌規定準備 年末試料分析 市場調查 慶生會(12月‧1月)
二月	5日　錄取者名單的發佈 　　　儲蓄合作的說明	銷售‧製造‧作業連絡檢討 完成新人教育方針計劃書
三月	工廠遷移準備與完成 普級準備與完成 宿舍遷移與重編	歡迎新人大會 釐訂客戶交際費規定
四月	1日　新入生的工作分配 　　　新入生的講習會	夏季製品企劃
五月	決定事務組織 編組消防隊	夏季作業對策準備 準備中元與七夕祭典
六月	新廠房落成 遷移事務所	派實習生整理圖書
七月	支給獎金	下年年間計劃 七夕祭典 中元節
八月	決算準備 編制明年預算	銷售企劃
九月	決算完畢 明年預算決定 實施健康診斷	計劃徵錄畢業生 研究年末製造對策
十月	決算報告書完成 普級準備及完成	製作年底作業日程
十一月	股東大會 稅務申報	計劃明年的方針
十二月	發送賀卡 支給獎金 年底調整	準備表揚大會
備考	①每月規定員工讀書週，以促進學習風氣 ②時間每月初由總務部規定發表 ③原則上每月舉行慶生會	

續表

	計 劃			
	研究部	製造部	銷售部	康樂會
一月	1 日臘腸發售準備完成	7 日 製造部今年發表詳細方針 工程管理基礎資料調查 新工廠作業配置檢討	4日5日 拜年 9 日 發表本年詳細方針,準備重編 DE 銷售地區	康樂大會
二月	1 日新製品臘腸發售成徵求新製品創意	作業合理化檢討 工程管理資料完了	推銷技術講習會重編 F·G 地區臘腸特賣活動	同樂大會
三月	1 日新製品發售準備完成	製造部之遷移 作業工程改善術討 新設備試用	京都地區擴大銷售重編 D·E 地區	家庭狀況調查
四月	夏季製品發售準備	強化管理課(工程分析) 測定標準作業時間 設定新機械	重編 B·DF 地區 新工廠落成紀念臘腸特賣	發表春季康樂活動
五月	夏季製品之研究完畢	夏季生產對策及職務調換	增強京都地區的推銷	公司內棒球比賽大會
六月	研究室遷移 新製品維納準備發售完畢	決定標準作業方法 異物混入防止對策之研究會	準備夏季銷售政策 準備重編 A 地區	對西川食品的棒球聯誼賽
七月	徵求新製品創意	實施集中生產管理之方法	夏季加強推銷月	
八月	年末製品對策	作業環境分析	夏季加強推銷月	
九月	4 日新製品發售準備完畢	休假貸款(回鄉者)		公司內運動大會
十月		年末生產對研究完畢	臘腸特賣 推銷技術講習會	秋季旅行一天
十一月		年末加強生產月	年末加強推銷	
十二月		準備年末銷售合作	年末加強推銷	除夕聚餐

◎計數計劃的製作方法

有一些公司，也會根據附加價值制訂工資計劃的。他們都是依照表 3-10-3 的基本目標釐訂詳細計劃的。

表 3-10-3　附加價值與資金標準的計劃例

部門	××年平均附加價值	平均分配率	平均工資標準	平均人員	總額
甲部門	115000	26.9%	31000	69 人	15998000
乙部門	130000	19.2%	25000	43	12900000
丙部門	70000	71%	49700	21	10724400
平均合計	112744	27.3%	30880	133	49292400

表 3-10-4 是人員計劃的一個例子。教育計劃也須根據表 3-10-5 一樣的基本計劃，訂出詳細的日程。

表 3-10-4　人員計劃的例子

項目		現在	2017 年預計退休	2017 年計劃錄用	2017 年計劃調動	2017 年抵後平均人員
甲部門	男	35	−1	0	−1	33
	女	37	−14	+13	0	36
	計	72	−15	+13	−1	69
乙部門	男	28	−1	0	0	28
	女	13	−5	+7	0	15
	計	41	−6	+7	0	43
丙部門	男	19	−2	0	0	17
	女	1	−0	+3	0	4
	計	20	−2	+3	0	21
合計	男	82	−4	0	0	78
	女	51	−19	+23	0	55
	計	133	−23	+23	0	133

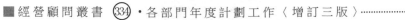

表 3-10-5　教育計劃之一例

	在公司實施者	在公司外受訓學習者	預算
幹部訓練（包括總經理）	對銷售業務各種表格的看法、分析、計數管理（上級）、事例研究領導者的一般教養	派適當人選參加各團體所主辦的公開性之經營講座	60 萬元
業務部關係人員的訓練	推銷的會計知識之教育、計數管理（中級、初級）、推銷技術、應酬說話方法的研究、接客、一般教養	推銷講習班推銷講座等	40 萬元
營業部關係人員的訓練	計數管理（初級），重視推銷員的素質、安全教育、接客技術，服務、一般教養	服務員訓練講座服務經營講座等	70 萬元
對各部門的特殊訓練	對部門別診斷及調查企劃的建議，經由事後指導的方式推行	出差參觀同業者	10 萬元
2017 年新錄用人員決定後之通信教育	發送各種必要的資料（根據計劃書）		5 萬元

　　人員計劃與教育計劃，需如長期計劃一樣繼續下去，不然，很難收到預期的效果。日本的人口也要逐漸的演變成美國型的了。預料2018 年以後，中學畢業的勞力，將要急劇減少。

　　請你觀察自己公司內的人員構成與職種構成，研究將來人員構成的發展，然後制訂長期的人員計劃，並訂出其中之一的年人員計劃。表 3-10-6 就是如此訂出的人事之長期計劃之一例。表 3-10-7 是勞務費總額計劃表。

表 3-10-6　從事計劃表

項目		2017 年	2018 年	2021 年	摘要
人員	男性員工				
	女性員工				
	總人員				
	（常勤者）				
	（已成家者）				
待遇	女高初薪				
	男大初薪				
	（增加率）	100%	%	%	
	總平均額				
	女子平均額				
	男子平均額				
福利保健	店員餐廳				
	儲藏室				
	康樂室				
	獨身宿舍				
	公司住宅				
	諸保險制度				
	健康管理				
	慰勞設施				
	生活服務所				
	公司內儲蓄合作社				
	各種講習會				
	災害對策				
H R	○○會 各種慰勞會				
	各種運動				
	各種講習會				
	相互補助				
	預算				
	苦情處理				
	公司內報				

表 3-10-7　勞務費總額計劃表

總計項目	年計劃	人員	1個月平均實額	1人份年平均	1人1個月份平均
工資、薪資					
獎金、津貼					
特別加給					
法定福利費					
保健費					
食費補助					
交通費補助					
其他實物供給					
×××					
×××					
×××					
合計		總			

　　從人事、勞務方面來說，除上述計劃外，還須具備褒獎計劃與利益分配計劃等。這是公司全體達成計劃之後，所需運用的一種計劃。尤其許多公司是根據年計劃之達成成績來決定晉升的，這類計劃就顯得更需要了。

◎制定全公司用的目標與計劃

　　關於工資計劃與附加價值計劃或是能力提高計劃等，除上述者外，尚需說明的還有很多。但大體已可以瞭解一個梗概了。最後，人事、勞務部門所需做的事情，即必須使全體員工完全瞭解公司方針、目標與計劃。這可用口頭說明，也可用文字方式與大家聯絡。除機密事項外，必須選用各種方法，做好公共關係。

11 年度預算的編制日程

　　年度預算編制的時間節點；7～8 月份為預算前期調查工作，向公司領導提交並報告年度預算、計畫大綱；9 月份為年度預算編制佈置工作，年度預算編制正式開始；10～11 月份為年度預算編制、審核、匯總和平衡；12 月份為分預算和總預算報審、修改、審定和印發。

表 3-11-1　年度預算編制時間節點

7~8 月份	預算辦公室：準備預算計畫彙報大綱和編制大綱
	公司領導：審核彙報大綱
9 月份	預算辦公室：召開佈置會，下發編制大綱
	歸口管理部門：佈置專業預算編制工作
	預算責任部門：編制各部門預算和專項預算(草案)，並上報預算辦公室和歸口管理部門
10 月份	預算辦公室：審核預算、不定期進行協調，並編制出損益預算
	歸口管理部門：審核各部門預算和專項預算(草案)，編制專業預算並報預算辦公室
	預算責任部門：修改、完善部門(草案)並報預算辦公室和預算歸口管理部門
11 月份	公司領導：聽取預算(草案)的彙報
	預算辦公室：召開預算會議，明確修改方案，編制總預算(預案)
	歸口管理部門：佈置預算修改工作，編制專業預算(預案)
	預算責任部門：修改預算(草案)，編制部門和專項預算(預案)
12 月份	公司領導：審定預算(預案)
	預算辦公室：預算印刷，並下發給各部門

年度預算由總預算、製造成本預算分冊和期間費用預算分冊組成，既是公司生產經營的基本目標，也是公司對生產經營程序控制的標準，還是公司生產業績評價的重要參考。

企業的預算應於預算期間開始前就要完成編制。

想要適時編妥預算，就要事前決定預算編制日程表。日本的企業，也採取配合預算編制手續，訂定各部課時間表的方法。其狀況則隨著企業業種特徵之不同雖有所不同，但重要的是如何將合理的預算編制程序加上日程的安排。

要從何時開始著手具體地編制預算，或用何種日程來進行編列等，要看企業的情況而定，但許多企業是從前一年中期就著手編列。

日程表內容如下：

1. 第一步是預算編制方針的策劃制定

⑴經營方針的訂定

　　①基本方針（8月15日提出）

　　②個別方針（8月15日提出）

⑵目標設定

　　①公佈經營利益（8月15日提出）

　　②所需營業額、營業利益（8月10日提出）

　　③容許經營（8月15日提出）

　　④總資產（8月25日提出）

　　⑤回收率、週轉日數、週轉率（8月15日提出）

⑶基準的設定

　　①總公司費用分攤基準（8月15日提出）

　　②業績評價基準（8月15日提出）

⑷預算編制方針的決定（9月1日決定）

2. 第二步是總公司費用預算的決定（9 月 10 日提出，9 月 18 日決定）

3. 第三步是預算編制方針基準及分店別目標之通告（9 月 2 日提出）

4. 分店別目標的同意與否之回答（9 月 12 日提出）

5. 預算的調整（9 月 14 日提出，9 月 18 日決定）

6. 分店別預算分配（9 月 19 日提出）

7. 總公司費用分攤額通告（9 月 24 日提出）

8. 事業所（含分店）預算的編制（月別）（10 月 10 日提出）

9. 整體預算編制（10 月 15 日提出，10 月 23 日決定）

10. 預算的決定（10 月 24 日提出，10 月 30 日決定）

11. 決定預算的通告（10 月 31 日提出）

整體預算制度為企業各部門必須通力合作的整體制度。為便利各單位之間的配合協調，保持合理進度，最好事先訂定預算日曆並分送各階層主管人員，共同遵守，切實依照預定進度認真辦理。預算日曆須配合預算起訖期間及企業組織規模及分工情況，個別訂定。

茲假定某鋼鐵公司以歷年為預算年度起訖期間，並同時編制長期業務計畫及短期業務計畫，其預算日曆擬訂如下：

1. 9 月 30 日——分發規劃前提說明書。

2. 10 月 1 日——開始編制銷貨計畫及部門別彈性費用預算。

3. 11 月 15 日——銷貨計畫及彈性預算完成。

4. 12 月 1 日——生產預算，原料預算，直接人工及廠務費用預算完成。

5. 12 月 7 日——項目預算建議案及業務計畫草案送預算委員會分析、建議、及評估。

6. 12 月 12 日──業務計畫之修正稿及有關建議案送預算委員會審議。

7. 12 月 14 日──業務計畫經總經理最後核定。

8. 12 月 22 日──業務計畫之複印本全部完成。

9. 12 月 30 日──分發業務計畫連同總經理簽字之書函。

10. 月份預算──3 月、6 月、9 月終了時將下一季預算分解為各月份數字。

11. 費用控制預算──每月 25 日預算主管根據下月份預計產量或工作量,將各部門預算費用依彈性費用預算公式計算估計數送交各部門主管。

12. 每月績效報告──預算主管於下月 7 日前,將包括全月之績效報告分發各有關部門(實際資料由會計部門提供,預算金額由預算部門提供)。

心得欄 _____

_____

_____

_____

_____

_____

第 四 章

各部門年度計劃工作的執行

1 年度計劃必須實行

◎年度計劃的終極目的是要實行

如果不去實行,不管計劃做得多好,都是沒有意義的。有了計劃,就必須實行。

為使年度計劃能夠實行,最重要的注意事項是:

首先,要使公司員工,都能理解年度經營計劃。至於如何使員工理解,也得要研究推行理解的方法。

以經營顧問專家的經驗而言,大部份公司在發佈年度經營計劃時,當天大多放假,借用禮堂或其他議事廳舉行以示慎重,在上午專事檢討及發表去年一年間的業績,下午才開始討論本年度的經營計劃,由各部門主管負責發表該部門的年度計劃,並非僅由董事長或總經理唱獨腳戲。如果在員工僅 50 人或 100 人以下的小公司,最好還

能將年度計劃印成文件發給所有員工，藉資說明。

◎倡行部門責任制

必須實行部門責任制度，一旦經營規模愈大，則各部門的責任體制就愈變得曖昧不明，變成官僚作風，一方面逃避責任，一方面爭取權利，這是共通性的普遍缺點。

這種情形，日本跟歐美的個人主義社會不同，東方幾乎完全是集團主義社會。就如迷你裙盛行時，不穿迷你裙就等於是落伍的女性，這種表現在服裝上的意識，完全就是集團主義作祟。

在歐洲則不然，每個人穿著以適合個性為原則，例如迷你裙完全屬於年輕少女的天下，而個人行為也以表現個人主義為特性。

由海外旅行的事例來看，也顯出東西方人意識的差異。東方人到一個個名勝去遊覽，同樣帶個照相機，都是整團到同一個地方去，用照相機照下同一個景色。而歐美人士，就完全自己作主，很少集團意識。

◎對計劃的責任制度

在經營計劃方面，也充分顯示東西方人意識的差異，企業員工在年度經營計劃公佈時往往心裏嘀咕：「這是公司的計劃，與我無關！」完全是無責任的意識。

但是，在歐美員工卻認為「這是我的工作計劃」，車床工完全以車床工作為自己的責住，對於車床工作，每日應該要做多少的責任制度已完全確立了。

　　為了參加國際性高度劇烈的企業競爭，一定要學習如何去清楚設定個人責任制度不可。但是以印章來代表個人的方式，好像有責任又好像沒有責任，此法並不理想。但若馬上將歐美以個人責任為主的經營方式，引進企業界來實施，可能一時無法適應，所以在這個中間過渡階段，不妨實行「部門別責任制度」。

◎「公司的計劃」與「我們的計劃」

　　為要消除「年度計劃是公司的事，不是我們的事」的意識，必須將年度計劃再細分為部門別或更進一步的小組別的計劃。

　　如果依照西方國家區分為個人別的計劃，非但困難，而且可能還有弊害。因此以部門別或小組別為主的計劃確有其必要，這種部門別或小組別的計劃，最好是具有自主性的，然後加以綜合，並與公司的目標配合一致。如此就可以形成一種意識，「這個部門計劃，也就是我們的計劃」。

◎建立部門別決算制度的組織

　　這種部門別年度經營計劃，最好也能配合組織的原則。同時，如果權限和責任不能清楚確立，則其實行及運用，就有困難，換言之，欲推行部門別年度經營計劃，組織化是非常有益的助力。

　　有一家推行這種制度非常徹底的企業，叫做大阪機械工具公司，從業員上千。不到幾年，成為日本第一的機械工具公司，到今天已經鴻圖大展進軍於世界市場，發展非常迅速。每年利益率大多維持在50%～60%的持續高成長狀況。

公司為何能持續高度成長呢？多年前，該公司就廢除了年終獎金制度，而將獎金融會於平常的基本薪水之中。該公司約劃分有 40 個單位（部門、組）其利益目標及生產目標均明確訂出，只要超出目標以上，其利益就依部門別予以適當分配。因此，每個月每單位就實施決算，超出目標計劃的部份，全部以次月份薪資方式發放。

這種制度的實施結果，每一位員工都以提高業績為自己的責任，具有強烈而徹底地為自己部門努力的意識，這就是山善機械工具公司迅速發展的基本力量。

這種方式，比起官僚式組織或其他方式，其部門工作要求更為嚴格，效果也更好，其薪資及利益分配也是較高的水準的。

2 主管應訂定各級目標

◎決算書是經營者的成績單

決算書上排滿了數字，看起來枯燥無味，但這卻是經營者的成績單。企業的決算書，對企業的經營者是非常重要的，其特性是在於用數字表達企業的實績。

企業的主人是股東，股東將經營權委託給經營者。委託出經營權，並不是放任地由經營者任意經營，經營者必須時常將經營結果報告給股東。什麼時候報告呢？就是在股東大會上報告。

股東們看到決算書後，認為業績良好，就會增加給經營者的報酬，同時也會增加經營者每月的薪資。除此之外，在改選經營者的時

期，也會決議留住原有的經營者。相反地，如果業績不好，經營者就失去了其經營者的資格，而會被其他的經營者所取代。

不過，中小企業大多數是同族公司，也就是由一家人所經營的公司，既不開股東大會，同時也不會因為業績不良而更換經營者。然而就業績不良，其結果導致倒閉這點而言，決算書一樣可以稱之為中小企業經營者的成績單。

總經理的日常工作，包括主持經營會議、調整公司內部間的問題、考核人事、接受部屬的報告、接待顧客、前往銀行交涉等，非常的繁忙。總經理需要處理的工作，可以說是種類繁多，但到最後，只是以創造了多少利益，也就是以銷貨收入或利益率的形態，接受股東或銀行所給予的評價。換句話來說，總經理的成績，僅僅是用少數幾個項目的達成度來作評價的。

◎如何提高業績

總經理想提高公司的業績，光靠一個人的力量是辦不到的，必須有部長、課長以及其他的員工相互配合才行。總經理應將能夠直接交給部長處理的工作，交給部長來進行。不同的部長，所擁有的工作也是種類繁多的。以營業部長為例，需要主持推銷會議，積極指導部屬，開拓新客戶，並與製造部門保持協調等。

總經理雖然把營業活動委託給營業部長處理，但並不完全採取放任的態度，營業部長需要時常向總經理報告，尤其在年尾時，以營業部長所提供的報告，作為評價標準。評價時並不以營業部長採行了某種方法、作了某種努力來做評價。而只是以其結果，也就是以銷貨收入、利益、利益率、賬款回收率等幾個項目的達成度，來作為評價的

標準。

公司想要提高業績，不僅需要總經理的努力，還需要部長、課長以及所有員工的同心協力。同時，僅僅努力是不夠的，必須明確地規定出每一人員所應追求的目標，並找尋達成的方法。所需要達成的項目，到最後必定會被濃縮成少數幾個項目，這少數幾個項目，就稱之為目標。目標的達成度，也就是評估總經理以及各級主管業績的標準。

◎訂定目標與方法

實際觀察企業的利益計劃時，會發現上面寫滿了許許多多的預估數字，各種數字都是綜合性的，並沒有明確地把重點項目標示出來。因為一個企業必定是以有限的人員、時間，以及其他的資源，來追求良好的成果，因此，必須將努力的方向濃縮在幾個重要事項上，也就是要明確地標示出目標來。

一般企業所訂定的利益計劃，還有一個缺點，就是難免只注重操作數字，也就是說，僅注重預估數字的訂定，而輕視了達成的方法。僅以數字標示出目標，並不能保證必能達成該一數字所顯示的目標。訂定數字是比較容易的，而相對的，檢討具體的策略方法，則是極不輕鬆的。訂定計劃時，不僅需要瞭解「做什麼」、「做多少」，還需要瞭解「怎麼做」。

總經理、部長、課長等各級主管，應以重點事項作為目標，明確地訂定出來。當然，這並不表示，沒有列入目標內的事項就不必去處理。下面舉出總經理、事業部長等主管，能夠作為目標的 20 個項目。

表 4-2-1　總經理的目標與方法

目標：

　　1. 銷貨收入

　　2. 銷貨成長率

　　3. 經常利益

　　4. 本期利益

　　5. 銷貨利益率

　　6. 資本利益率

　　7. 資本週轉率

　　8. 損益平衡點比率

　　9. 新製品銷貨收入

　　10. 自有資本結構率

　　11. 每人平均銷貨收入

　　12. 每人平均附加價值

　　13. 每人平均利益

　　14. 人事費對銷貨倍數

　　15. 人事費對附加價值倍數

　　16. 人事費對經常利益倍數

　　17. 勞動分配率

　　18. 市場佔有率

　　19. 配息率

　　20. 薪資水準

方法：

　　1. 組織、制度的改善

　　2. 設備投資

　　3. 新製品開發、新市場開拓

　　4. 推銷促進的強化

　　5. 技術開發力的提升

　　6. 原料材料的節省對策

　　7. 省力化對策

　　8. 經費節儉縮減對策

　　9. 教育訓練、士氣提升

　　10. 強化企業的系列化與集團化

例如,總經理目標,如果著重在銷貨收入、經常利益、自有資本結構率等,並設法努力達成這些目標,但這並不表示可以忽視其他的項目。訂出目標項目,即表示已經知道了「做什麼」,同時,應當訂出水準,也就是訂出「做多少」。

在目標項目後面,也列舉了方法,在實際作業時,並不需要同時使用所有的方法,只需選擇與目標相關聯的方法。

◎目標、方法、預算應結合在一起

目標的達成由兩部份構成:其一是方法,其二是預算。也就是說,達成目標,需要有具體的方法,以及用數字表示出來的預算。目標、方法、預算,分別由不同的主管訂定,但是,這些並不是各自獨立的,而是應當連結在一起的。

上級主管所訂定的目標,是以比率或金額所表示出來的綜合性目標、期間性目標、結果性目標。而相對的,下級主管的目標,必須與上級主管的目標相配合,應設計成部份性的目標、個別性的目標、原因性的目標。目標的內容除了用比率或金額來表示外,也應包括表示時間或數量的目標,以及業務改善計劃之類的記述性目標。

例如,總經理所訂定的目標是利益額或利益率。承受此一目標的製造部長,所訂定的目標,就應當改換成材料費的節省額,或者製品成本之類的形式。製造部長的目標,在於幫助達成總經理的目標,因此製造部長的目標,需要具有部份性以及原因性之類的特性。製造部長下有製造課長,製造課長接受了部長的目標之後,應當以單一零件的節省額,訂定目標。

就像這樣,上級主管與下級主管的目標,在內容上是有差距的,

應當以某種形式相聯結在一起。

　　由於總經理一個人無法達成全公司的目標,所以需要使用好幾名部長。

　　由於一名部長無法達成總經理所訂定的目標,因此需要使用好幾名課長。

　　為了不讓所作的努力白費,為了產生良好的成果,上司必須將明確的目標交待給部屬,部屬對上司所期待的事項,必須有明確的理解。

圖 4-2-1　目標‧方法‧預算應聯結在一起

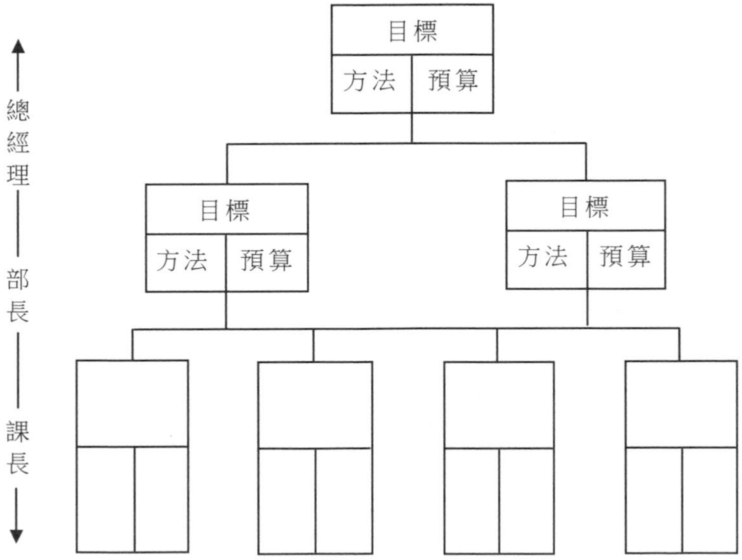

3 主管目標的訂定方法

◎上下級的目標應當聯結在一起

訂定計劃的時候，難免會流於由上級訂定出全公司的目標，然後予以分割，將分割後的目標，交給下級單位處理。某一天，突然之間，下級單位收到了總經理的目標或方針，那麼下級單位難免會不知所措，因此，應當在事前，上級單位與下級單位充分檢討之後，再訂定目標。總之，由上級單方面制定出目標，交給下級去處理的方式，是不對的，應當在事前檢討，在進行中協調。

圖 4-3-1　上下的目標聯結在一起

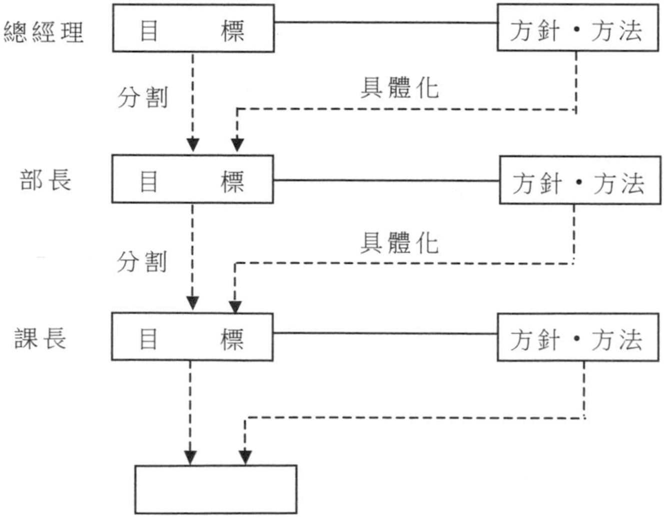

　　首先訂定出總經理的目標，以及達成目標的方針、方法。然後將總經理的目標予以分割，將總經理目標中的某一部份，作為部長的目標。

　　例如，總經理的目標是銷貨收入，那麼營業第一部長，則以該一銷貨收入中的某一部份，作為目標。

　　不過，更重要的是，在總經理的方針與方法能夠具體化之後，才訂定部長目標。

　　例如，增加利益是總經理所訂定的目標之一，為了達成此一目標，所採取的方針，就是節省材料費。製造部長接受了此一方針之後，具體地將所需節省的材料費，以比率或金額表示出來，然後訂定出明確的目標。製造部長為了達成目標，則將重點放在某某材料的管理上，並力求某某材料的節省。

◎促使目標具體化

　　上級不論訂定了多麼傑出的目標，如果不能夠與具體的方法聯結在一起，終將變成一句口號。必須像流水一般，上級的意思應順暢地傳達給部屬。假設，總經理強調經營效率，而課長接受了之後，僅重視效率是不夠的，必須設想出具體的方法，才能夠達到講求效率的目標。在講求具體的方法之前，必須有明確的目標與明確的方針。

　　假設總經理下達命令「要小心火燭」→部長又傳下去「要小心火燭」→課長也往下傳「要小心火燭」，這樣是不夠的，必須讓每一個人都能夠理解，為什麼要小心火燭，同時應講求具體的方法，來讓人理解「小心火燭」的目的。這雖然是一個極端的例子，但是許多公司在處理問題上頗有此種傾向。

在實際處理問題時，上級雖然明確地表示出目標與方針，而其表示方法往往是抽象性的，能夠作各種解釋的。上級提出目標，照上級的解釋，往往使員工產生一種錯覺，認為只要照此目標努力下去，就必定能夠達成此一目標。這就好像軍隊只要求士兵往前衝，而不明確指出攻擊目標一樣。

總經理、部長、課長，以及各級的主管，都應當明確地表示出具體的目標、具體的方針、具體的方法，並且讓上下的目標能夠聯結在一起。

◎設定目標的步驟

1. 訂定全公司目標與全公司方針

全公司目標（也就是總經理目標），並不是僅由總經理與企劃負責人來訂定的。必須由各級的部長或課長等經營幹部，協商之後再行訂定。應當有多少主管參加全公司目標的訂定會議，依企業規模的大小而有不同。

企劃負責人，根據實績資料，訂定出利益計劃表的草案，草案作成之後，與經營者相互討論，並將彼此的意見，作充分的溝通。總經理如果沒有明確的意見，則企劃負責人必須對利益計劃作重點說明，並建議總經理所應注意的要點，如果總經理的意見是抽象性的，必須要求總經理對所提出的意見作明確的解釋。

企劃負責人，還需要與營業或製造等部門的部長協商，使得彼此能夠就利益計劃表作充分的溝通。各部的部長在參加全公司目標的會議之前，應邀集所屬的課長，讓課長發表與該部有關的意見。部長收集了各方的意見之後，再去參加會議。

在會議的進行上，企劃負責人不是主角，而是在一旁協助的人。企劃負責人需要將利益計劃表的內容，作充分的說明，並且需要引發出各方的意見。企劃負責人需要對意見作補充、作協調、作援助，因此可以說，計劃設定是否進行順利，企劃負責人負有很重要的責任。

全公司目標與部長目標，採同時進行的方式或採個別的方式，依企業的規模與性質而定，不能一概而論。

2. 部長目標與部長方針應向課長說明

全公司目標或部長目標，不能僅依靠一次的會議來達成，往往需要開許多次會議。一旦部長目標決定之後，則需要將部長方針與部長方法，向所屬的課長說明。由於部長在訂定目標之前，已經與課長有過數度的協調，所以部長對課長說明方針與方法，並不是一件困難的事情。

為了達成部長的目標，課長們將各自負擔部長目標的某一部份，課長們瞭解自己所負擔的部份之後，尚需要訂定各自的目標。

3. 課長訂定自己的目標與方針

課長目標並不是由部長所訂定的，而是由課長自己來訂定。由部長訂定目標強迫課長去做，課長不易發揮，由課長自己訂定目標，他們就能夠以自主的態度，充分發揮所擁有的能力。當然，課長不能夠任意訂定目標。課長所訂定的目標，必須與部長的目標及方針相配合。課長需要將自己所訂定的目標，以及達成目標的方針、方法的草案，向部長提出。

4. 檢討並決定課長的目標草案

部長對各個課長們所提出的目標草案，與自己的部長目標及方針等，相互對照，如果發現有不能配合之處，須予以調整。如果發現課長與課長之間所訂定的目標，彼此之間有矛盾或對立之處，也應予以

調整。最後的課長目標與方針方法，則由部長來決定。

◎訂定目標時，應留意之點

訂定目標的時候，有幾項必要條件，下面將主要的必要條件列舉出來。

1.必須與上司的目標相結合

即使從自己的立場著眼，認為所訂定的目標非常傑出，但是如果不能夠與上司的目標相結合，而是與上司的方針相違背，就必然會產生困擾。所謂與上司的目標相結合，並不是要保持算術性的一致，而是要站在幫助上司達成目標的位置上。

例如，總經理目標將增加利益放在首位，而將增加銷貨放次位的話，營業部長就要以此一原則來訂定目標。在注意增加銷貨收入的同時，所訂定的目標其重點應放在售價的提高，以及放在利益率較高的製品上。除此之外，也應注意推銷費的節省等，整個目標與方法的訂定，都應當以增加利益為原則。

2.具體地表示出目標

所謂目標，包括了目標項目（做什麼）與目標水準（做多少）。如果目標不夠清楚，過分曖昧，則很難測量出達成度。因此目標水準，應盡可能用金額、百分比、數量、時間等，具體的方式表達出來。

推銷部門或製造部門，很容易具體地表示出目標，但是管理部門或間接部門，則往往很難用金額或百分比來表示出目標。遇到這種情形，可以用訂定進度表的方式來表示目標。例如，以訂定利益計劃制度的方式，來表示目標。但是，僅訂定了利益計劃制度，並不能明確地表示出進行到何種程度，即使已達成了目標。因此，在利益計劃制

度上，應備明明確的進度表。也就是某人到某時為止，應完成某一項目之類的進度表。用進度表就能夠為管理或間接部門表示出明確的目標。

3.目標應選擇重點

如果列舉了太多的目標，往往就無法產生實際的效果。應當將眾多目標加以選擇，集中焦點，僅以重要的事項作為目標。一般企業中的許多事項，都被包含在目標之中，但是這些事項的重要度並不相同，如果在同一目標下有許多事項時，可以用%來表示每一事項的重要度。加上了重要度之後，就能夠明確地與上司的目標相結合，也能夠明確地測量出達成度。

例如，以營業部長所訂定的目標為例。舉個極端的例子，假設某一企業所要求於營業部長的目標，僅是提高銷貨收入而已，這表示達成目標銷貨收入是最重要的一件事，可以不考慮利益或利益率。相對的，如果企業要求於營業部長的目標，僅放在利益上的話，營業部長的業績，主要以目標利益的達成度來作評估。不過，在實際作業上，如果只偏重一方，也就是只偏重銷貨收入，或是只偏重利益的話，一定會產生問題。因此需要訂定複數的目標。

從表 4-3-1 中，可以看出，營業部長的兩種不同的目標，(A)(B)各自都包含了三個項目，可是，(A)與(B)在工作的作法上，則是完全不同的。(A)將重點放在銷貨收入上，即使犧牲一些利益或利益率也無妨，其目的在於達成目標銷貨收入。因此往往需要投入較多的推銷費。

表 4-3-1　營業部長的目標

	(A)	(B)
銷貨收入	70%	20%
營業利益	20	70
營業利益率	10	10
	10	10

　　相對的，(B)的主要重點在於確保營業利益，因此需要推銷利益率較高的製品，同時也需要壓縮推銷費。像這樣，把重點標明出來的方法，可以作為行動的指標，也可以明確地評估業績，不致產生困擾。

4.目標須訂在能夠達成的水準上

　　不須努力也能夠達成的水準，不能夠稱之為目標。但是這並不表示，目標訂得愈高愈好。如果目標訂得太高，認為無法達成，就會使士氣低落。目標也不能訂得太低，需要訂在適當的水準上，讓追求目標的人，在達成目標之後，可以獲得滿足感。

　　但是，什麼樣的目標才能夠算是適當的水準呢？這不是能夠用尺度測量的問題，因此往往很難找到適當的水準。提案水準與期待水準之間有一段差距，用客觀的方法很難測量出，提案水準與期待水準那一種才是能夠達成的水準。因此在決定採用那一種水準之前，會產生各種爭議，有人認為提案水準較為適當，有人則認為應當追求期待水準。

　　遇到有爭議的時候，有些經營者會這麼說，「我們期待此一水準，你的提案水準，比我們期待的水準要低了一些，因為你認為在實行上有種種的困難，所以你的提案水準比我們的期待水準低了一些，如果要消除那些困難，你認為我們以及各部門應當給予你什麼樣的協助

呢？是否能夠想到什麼樣的方法來彌補這之間的差距呢？」

對於此種爭議，不會產生單獨一種正確的答案，必須各部門相互協調，相互合作，以找尋出追求適當水準的方法。

5.訂定目標之後，在作業上應保持平衡

例如，過分偏重增加銷貨收入，即使能夠達成了目標銷貨收入，而結果造成帳款回收不良，推銷費的增加，倒帳的增加等。如果把倒帳換算成零，那麼銷貨收入就等於未曾有太多的增加。

像這樣過於偏重一方，就會在他方產生缺陷。因此在注意銷貨收入的同時，應注意帳款回收率、推銷費品質與成本等項目之間的平衡。

6.應明確地表示出方針與條件

假設目標之一，是要提高利益，因此所提出的方針，是盡可能削減一切能夠被削減的費用，這樣做是不適當的。有許許多多的方法都能夠用來增加利益，但是同時採用許許多多的方法，則無法發揮充分的效果。例如談到「要特別節省材料費」，那麼就有必要具體地表示出所應採行的方針。

方針包括了：應當做什麼？重點放在那裏？有什麼樣的前題條件等各種事項。例如，要想達成目標，必須有一項必要條件，這項必要條件就是權責的委付。

例如，要想達成銷貨目標，必須讓負責人擁有某些許可權，這些許可權包括了放寬收款條件，以及在價格上給予折扣等。

因此，下級主管在訂定目標時，必須明確地向上司要求，或者調整所必須擁有的許可權。

此外，還因為製品成本會隨著生產量而變動。因此，如果以製品成本為目標，就應當標示出預定生產量，因為生產量愈大，製品的成本就愈能夠降低。生產量減少，製品的成本就會增加。

4 如何達成計劃

◎不可成為畫在紙上的餅

許多企業總是將年一開始時費盡辛苦所訂定的利益計劃，搞不了多久就收進抽屜裏，並且不再過問。往往計劃訂定出來之後，就鬆了一口氣，覺得非常地放心。然而計劃訂定出來，它並不會自動地使計劃達成，還必須經由一連串有效的過程管理。

實施計劃時，需要具備種種條件，在所有條件中，最重要的，就是以總經理為首的各級主管，要有「達成計劃」的決心。否則，好不容易訂定出來的計劃，僅是「畫在紙上的一張餅」而已。

為了達成計劃，強調過程管理。這裏所說的過程管理，並不是上司要嚴格督促部屬的作法，而是要重視各級主管的自主管理。雖然強調自主管理，並不是要經營者採取放任的態度，經營者必須隨時掌握部屬的工作進行狀況，隨時給予必要的協助與指導。而且經營者必須擁有迅捷的消息管道，隨時能夠掌握重要的消息。此外，各部門內及各部門之間的調整，也是上司的任務。

◎從利益計劃到決算

管理的原則就是「首先計劃，然後實施，然後考核」，這是任何人都知道的知識。但是進行起來，往往並不順利，計劃不容易，實施不容易，考核也不容易。

　　一個企業為了經營上能夠產生預期的成果，需要計劃期末所應達到的目標，此種計劃即稱之為利益計劃。為了達成利益計劃，必須訂定月次預算。對於所創造出來的實績，不能擱置不理，必須將每月的預算與實績相互對照，然後在年終了，經由年次決算，來評估利益計劃的達成度。

　　部份的總和，就等於全體。將所有的月次業績加在一起，就等於年次業績。改良業績的條件之一，就是縮短管理期間。與其作年次對比，不如作月次預算與月次決算，同時作月次對比，這樣比較能夠創造良好的業績。將年區分為月次，等於網眼較細，這樣就不容易遺漏重要的部份。

　　例如，目測十公分的長度，要比目測五公尺的長度誤差來得小。一百萬元或一千萬元的業績差距，在年次決算中顯得不特別顯眼，而在月次決算中，就相對地顯得很大。

◎月次決算的功能

1. 進行月次決算

　　為了利益計劃的達成，需要訂定月次預算，如果一切照月次預算來實施，理論上是可以達成利益計劃的。為了確認月次預算進行到什麼程度，因而需要作月次決算。

　　任何類型的企業，至少都應當作成月次試算表，來進行月次決算。如果沒有月次預算，就無法判斷月次決算的優劣。月次決算是期末決算的部份性手續。即使訂定了月次預算，如果僅進行月次決算，而不注意講求掌握問題點以及講求改善策略的話，並不能保證一定能夠達成利益計劃。

2.掌握問題點

作月次決算時，應當與月次預算相互對照，掌握問題點。要想詳細掌握問題點，就需要製作部門別以及費用別的預算。

一般公司都以期末決算書的形式來製作月次決算，但是以這種方式所作的月次決算，即使瞭解全公司的狀態，卻不能瞭解部門別或製品別的優劣，因此很難掌握問題點。所以應當依部門別或製品別等，作月次決算，以掌握各部份的狀態。

3.講求改善策略

對某一部門別掌握了問題點之後，不僅需要與該部門磋商，同時需要獲得經營者以及其他部門的共同理解。問題點的改善，多半僅依靠一個部門是解決不了的，往往需要經營者的指導、協助，以及其他部門合作。

經由改善策略的檢討與實施，使每月不及的業績在期末之前可以逐漸改良。

5 月次決算的活用

◎預算與實績的比較

　　為了預算的期中管理，為了在期末評估實績，因此需要有預算報告書。所謂預算報告書，指的是一般會計部門向總經理為首的各級主管所提出的報告書。因此，預算報告書依公司不同，其名稱也各不相同。預算報告書的功能包括了①表示出預算達成了何種程度，以求有助於經營活動的管理；②作為訂定次期預算的重要資料。

　　預算報告書的報告期間，可分為日、週、月、三個月、年報等。同時，依報告者的不同，而有各種不同的形式。對經營者來說，所需要的預算報告書，應當包括了整個公司的業績，並且利用報告書上的資料，從企業整體的立場，來調節各部門之間的關係，進而提升業績。但是對於在工作現場的主管，為了講求改善措施，需要獲得迅速而頻繁的判斷資料，因此，可以說預算報告書依需要者的不同，而有不同的性質。

　　預算報告書在式樣上需要講求功夫，要將所需要的項目，明白地列舉出來，並且能夠一目了然地看出業績的好壞。

　　預算報告書的式樣種類繁多，但是每一種式樣，至少都包括了預算、實績、本月金額以及累計金額等項目。有些預算報告書中，加上了各種的記號，或者加上了一些紅線，以使得閱讀者能夠明確地找出重點。除了數字之外，也設置了備考欄。備考欄中，將產生重大差異的原因，以及預定採取的對策、今後的展望等予以填入。僅使用數字

的預算報告書，難免流於形式主義。

◎觀察重大的差異

預算不論訂定得多麼合理，終歸是以預測為基礎的，因此預算與實績之間，通常都會產生差異。這種差異或差距，在那些項目上產生，是需要從預算報告書上去掌握的重點。不過，要瞭解差異的原因，通常是不容易辦到的。發生差異的原因，包括了下列幾個項目，通常，都是由這幾個項目相互影響下所產生的。

1. 預算本身不夠週全。

2. 公司外的經濟情勢發生變化。

3. 公司內的各種條件發生變化。

4. 各部門活動的優劣所導致。

由於造成差異的原因非常複雜，因此，若將所有大小各種不同的差異都列舉出來，是沒有意義的。所須列舉出來的，只是較大的差異而已。應當預先設定一定的容許範圍，超過此一容許範圍的巨大差異，才被作為檢討的重點。因此，應配合自己公司的狀況，先行設定適當的容許範圍。

對於巨大的差異，應追究其原因，但是在追究的時候，不應當採取挑毛病的態度，應當由經營者、各部門主管、預算負責人等，以坦誠合作的態度，來檢討改善手段。

在檢討巨大差異的時候，應考慮各種原因，不可只重視數字。若只重視數字，會產生各種弊害，會出現粉飾數字的現象。

◎主管目標達成度的多寡

在年開始的時候，各級主管都以工作上的重要事項，作為年追求的目標。如果所包括的事項太多，往往無法產生良好的成果。主管所設定的目標，有計數性的目標，包括了銷貨收入、成本、利益等項目，也有非計數性的目標，包括了組織、制度、手續的改善等項目。

表4-5-1，是一個總務部長的目標。總務部長的工作，種類繁多，這位總務部長將本期所應當處理的重點事項，以三個項目作為目標。並且對三個項目標出了不同的比重，除此之外，又訂定了達成基準。達成基準也就是觀察目標達成與否的基準。

表 4-5-1　　總務部長的目標

目標	比重	達成基準
1. 準備引進成本計算制度	50%	從下一期開始實施（進度表另行列出）
2. 月次決算資料的迅速化	30%	將下月 20 日提前到 15 日
3. 出勤率的提升	20%	出勤率應維持 95%（此項是與製造部長共同擁有的目標）

各級主管像這樣在年之初訂定目標之後，每月都應管理考核目標達成的程度。在月次決算會議上，應對各人的目標，依下列事項作報告與檢討。

1. 目標的進行狀況如何？如果進行得不順利，應探討其原因，並找出今後應採行的對策。在月次決算會議上，不應以各種理由推託，應以積極的態度，找出達成目標的方法。

2. 為了達成目標，可以向其他部門提出相關的要求。例如，營業

部長可以要求製造部長，必須按期交貨。

3. 如果對上司有所要求，也應提出。例如，營業部長可以向總經理表示，為了爭取某一大宗訂單，需要增加推銷費。

◎改善策略的追蹤

把功課交待給學生，學生做與不做，都不會受到獎賞或處罰的話，很難使學生的課業有所進步。應當以某種形式予以賞罰，學生功課做得好，給予獎賞，會使學生產生感到喜悅與自信。如果做得不好，應給予指責，使學生以後更加努力去提升成績。

月次決算，往往會變成一項實績報告。實績不良的部門，會找各種的推託理由，並且希望將責任轉嫁給其他的部門。這樣是無法解決問題的。各部門的主管，必須準備各種的對策，僅要求部屬達成目標，而不講求對策，是不合理的。除了需要準備對策之外，還需要追蹤其結果。

部屬的實績，如果不佳，應依照主管所準備的對策去處置，對於處置之後的追蹤，該採什麼樣的態度，不能夠一概而論。通常依問題的大小，主管會採取不同的追蹤態度。不過，一般來說，主管需要有下列兩種規定。

1. 對於某一問題是如何處置的，應報告其結果。

2. 在處置之後，情況無法獲得改善時提出報告。

6 堅持的執行計劃

「在可能範圍內盡力的做吧！」這話可與「所有能做的都做了，但什麼成就都沒有！」的話一樣。你是「只要這樣就行了」的僅此主義者？

我們時常可以聽到人說「我真忙得要命」。而最奇怪的是，這種話都是在敷衍什麼事情時說的，假如我們每天有計劃地生活的話，只需按計劃行事就行了。若有什麼突發性的事情時，也只要依照例外事項處理的原則去解決，就可過很有條理的生活了。

有一位總經理，當他第一次訪問美國時，曾經順道訪問一家有來往的公司，不料竟找不到他所要見面的人。我們平常說「時間就是金錢」，但，假使不瞭解他的真義時，還是無濟於事的。你想見面的是美國的實業家時，你就得先同他們約定時間。否則，休想同他見面，這是他們的規矩。在忙碌的生活中，他們只能會見預先約好的人，然後有條不紊的處理自己的事情。

每天的工作，必須是由週計劃根據月計劃，月計劃根據年計劃而策劃出來的。不然，每天的工作都要變成做一天算一天，漫無目的的生活，如此下去，所謂「我真的忙得要命！」也就不會有結束的一天。

有人曾經就東京都內幾家大醫院的經營與人事，做過一番調查，當時調查到聖路加國際醫院時，才知道要會見那邊的事務局長，也要先在秘書課登記約定時間後才能見面。這家醫院可能是日本國內，惟一採取最進步的管理體制的一家醫院了。

聖路加國際醫院的事務局長是落合勝一郎先生，對醫院的經營也

頗有見識。他是留美回國的優秀的醫院經營專家。對診療管理也採取登記預約體制，同時建立了很好的病歷管理體制。最令人佩服的，是一切看護業務也採用了僅此主義的管理措施，即是說，每一個人的看護業務，都是以卡片制度加以管理。當天所要做的事情，上班之後，只要看一看卡片，就可以完全瞭解。除了例外的事情之外，凡是卡片上所未列出的工作，一律不准做。其實施之徹底，由此即可見一斑了。

他們認為醫院必須給病人以高水準而且迅速又經濟的治療。不久之將來，日本的醫院也非採取開放體制(Open System)或是約定體制(Appoint System)不可了。眼看日本現狀下的醫院經營狀況，再看到美國式的實施先進管理的聖路加醫院，不由得令人感慨不已。

組織、職制、職能薪或是人事考核等，也絕不能漫無計劃。沒有明確的目標與計劃，組織就不可能運用得很好。沒有明確劃分清楚的職務工作，也不可能做好可靠的人事考核，更不能決定恰當的職務薪了。歸根究底，所謂的組織、職制、管理體制，或是秩序等，無非是公司當局達成目標所必需的工具而已。因此，假如沒有僅此就好的工作目標與計劃，無論你怎樣的運用組織，修訂薪資體系，也不會有良好的效果。

業績的好或壞，若都無從評估，每天的生活也將變成漫無目的的生活了。

為有效地利用有限的時間，並消除消極的漫無目的的生活。如今的經營，已是必須運用「只要做這些就夠」的僅此主義的時候了。

◎A公司總經理的訓話

A公司是一家金屬製造公司，其總經理曾經集合全體員工，作了

下述的訓話。諸位看了，不知作何感想？

「在目前不景氣的情況下，我們全體員工所必須努力的，歸根究底就是一句話『增加銷售』。××公司是我們的競爭公司，請各位看看他們的情形吧！五年前，在業界，我們屈居第八位。但是，今天，我們已緊跟在××之後，躍居第二位了。我們只要再做一番努力，就可以趕過××公司。現在請各位注意，只須再××××。我們就可以趕過他們了。只要各位同仁在一年之間，每人多推銷××，就可以湊足××××而趕上他們。希望全體員工眾心一志，大家負起推銷員的任務，以推銷第一主義的精神努力奮鬥。為此希望全體員工，在一年之間，每人必須介紹十家顧客給營業部門，或者請親戚朋友介紹都可以，總之，必須儘量的介紹。在第一線活動的推銷員，更希望能集中力量，儘量接受訂購。沒有銷售就沒有發展，我希望其他部門的同仁也能瞭解這個道理，負起推銷員的任務，儘量為推銷而奮鬥。」

A公司的總經理就是如此的向全體員工訓練，極力的強調「推銷第一主義」與「全員推銷主義」。其後一有機會就如此的反覆訓練。可惜，實際上始終得不到滿意的實績。

◎B公司總經理的訓話

「各位同仁：這家公司並不是我一個人的公司，這個公司是屬於在此地服務的各位的公司，是我們大家所共有的公司。我們的生活，寄託在使用我們公司製品的顧客身上。所以，假使我們的製品不能滿足顧客的要求，我們的公司就無法支持下去。今天，我們全體員工，包括家眷在內，一共有一千多人，大家都依賴著我們公司而生活。身為總經理的我，也可以說是公司的代理人，無時無刻不為自己的任務

而努力而鞭策自己。我知道我的最大責任，就是要不斷的提高全體員工的生活。但，細想起來，支持我們生活的，是社會上愛用我們製品的顧客，所以我們必須設法滿足我們的顧客。現代的推銷員，並不是聽差的，每位推銷員必須負起改變顧客的不滿的崇高使命。我所說的還不僅僅是營業人員的問題。諸如把公司中一切的不滿現象變為良好的現象，也是我們的一大工作。在現實中，當你解決了一個問題之後，接著必然會產生另外一個問題，問題將會不斷的發生，這是無可改變的現實。我們正是不斷的克服此類問題，而後才完成了今天的發展。去年，我們終於實現了 12%的加薪目標了。獎金也達成了每年五個月份的目標。我也相信，惟有不景氣才是考驗經營實力的時期。當此新事業年開始之初，我已決心更加努力奮鬥。我們之間，是建立在堅強的信賴關係之上的，值此新年開始之初，希望大家共同以下列事項為目標，努力使之實現。

第一是我們的薪水，我們的加薪幅度將較去年約低 2%，不過，獎金將比去年多一個月份。也就是說，下年我們將平均加薪 10%，而獎金則為平均六個月。

第二點，為實現 10%加薪與六個月的獎金，我們必須確保一年1200 萬元的純益目標。那就是：

· 年銷售額 1 億元。　　· 銷售額成本 7000 萬元。

· 推銷費 900 萬元。　　· 管理費 600 萬元。

因此，

· 管理推銷費是 1500 百萬元。

· 營業利益是 1500 百萬元。

· 利息等營業外費用為 300 萬元。

· 抵消後的純利益是 1200 百萬元。

關於這些各部的預算，已發表有明細的計劃。希望大家確實的把這一目標當作下年的目標，共同努力奮鬥。

第三，為要實現這樣的目標，我們將作詳細的預算統制。在工廠中，我們將以邊際利益率 46%為目標。在營業方面，我們將在××地區和××地區，開拓五家代理店。又將與工廠合作，依照製品別、顧客別的 ABC 分析，決定製品種類以 30 種為目標。至於退貨方面，去年共有 3%，下年希望能減至 1%，而以至多 2%為目標。要減少退貨就得使週轉率加快，因此，希望能把製品的週轉率，平均加快至 1.5 個月。

第四點，在總務方面，有關對預算的各種實績，我們將於每月七日以前，整理後公佈出來。又，有關賞罰的事項，我們每年都列為目標，但這一措施已變成有名無實虛應故事的口號了。因此，下年將採取明確的業績評價制度，以實現能力主義的目標。」

B 公司的總經理，是如此的列出新年的目標，而後要求全體同仁共同合作奮鬥的。

對於上面所列 AB 兩家公司總經理的效法，假如是你的話，你贊成那一位？

A 公司總經理的做法，可說就是儘量做，努力做的一種儘量主義。另一位 B 公司總經理的觀念，則是「只要做到這一點就夠」的僅此主義。問題就在經營者的這種態度的確定。請你回想一下自己做一番反省，你究竟是儘量型的人呢？還是僅此型的人。

做企業經營分析的顧問，經常受人委託診斷企業。每逢這種情形，最重要的事情，就是要以科學的手段分析計數與數字。不過，在表面上完全依賴計數與數字，看來似乎很科學，事實上卻不盡然。因為所謂的數字，無非是由公司中的許多員工製作出來的，說得明白一

點，也可以說是公司中員工的態度的結果，是一種對未來的態度的表徵。

　　凡是精通實務的經營者、實業家與顧問人員等，他們所重視的並不是數字，而是產生數字的經營態度，以及計劃的數字所顯示的經營姿態。數字是有生命的，數字是經營活動的表像。在我們來說，把數字與計數當作單純的數字與計數，是比什麼都枯燥無味的事情，我們也絕不願如此做，因為數字是有生命的東西，是人們的行動的結果。

　　當我們以這種觀點處理計數與數字時，我們將會對計數與數字感到萬分的興趣與關心。人們也時常把經營企業比喻為大海中之行船，總經理就像是掌舵的，其重要性是不必提了。尤其是中小企業的總經理，無論是創業的經理或是第二代第三代的經理，大半就是經營者本人擔任。其掌舵的任務，更是顯得重大無比。因此，無論是實施今後的經營對策，或是策劃長期計劃或是年計劃，經營者的態度，就是決定成敗的關鍵。

　　若是說，看到政府採取成長政策，我們公司也實施成長政策。看到政府採取不景氣政策，我們公司也採取不景氣政策。這種做法當然無可厚非。不過，以今後最有前途的經營態度來說，如此的模仿主義、放任主義、儘量主義等隨波逐流的觀念與態度，絕不能使經營成功的，這是很值得檢討的地方。只有據自己公司的實際狀況，實施科學的管理，從觀念上斷然決定本公司必須做到這些，徹底推行僅此主義的經營方法，才是應有的最重要的經營態度。

　　即使是年計劃也好，也一定要在這種堅定的觀念下發揮經營者的決心，徹底實施僅此主義，而後才會有成功的希望。為此，經營者一定要拿出僅此主義的堅定的決心與態度。而且，這種決心與態度必須出之於真誠，絕不能以敷衍了事。為此，作為一個經營者，還須具備

有靈活的頭腦與寬大的度量，處事精明而又有寬大的容忍力。這份度量也要出之於真誠，不能當作手腕運用。作為一個現代的經營者，頭腦固需精明靈活，度量卻是更重要的一種涵養，因為他必須起用優秀的幕僚輔佐。假如他沒有寬大的度量，縱使起用了優秀的人才，他也不可能使之發揮一切才幹。

因此，經營者的正確之信念與度量，是極重要的一項條件。

◎貫徹目標與計劃，才能產生效果

即使已制訂目標與計劃，並決定以僅此主義實施目標與計劃，但，倘若只有經營者一個人瞭解內容，那麼，還是不可能產生效果的。有了目標與計劃即必須公佈通知，俾使全體員工徹底瞭解。甚至來往客戶、金融機關，以及股東等，也要他們一一瞭解。而後，這個目標與計劃才能走上真正實現的軌道。

如此，把組織明確地建立起來，然後分配工作，指示每人每月每週每日應做些什麼事情。另一方面再檢查是否依照計劃進行，並加以控制。有了結果之後，就與目標或計劃比較研究，加以評價並推出對策。如此反覆管制評價，使昨天比今天更好，使明天比今天更好，或是使上月比本月，使下個月比本月更好起來。有了這種努力的累積之後，那麼，我們所期待的效果，就必然會出現了。

因此，我們的目標與計劃，直至全體人員完全瞭解為止，我們必須反覆的想辦法促使大家徹底瞭解。

第 五 章

各部門年度計劃工作的評價

1 責任計劃的制訂

　　企業運行、個人活動都在創造業績。對業績的檢查是十分重要的；它可以用以評價一個企業、一個幹部。然而，僅僅事後考察、檢查是不夠的，事先必須對每個部門、每個個人以及整個企業，在1月、1年中應該做出的業績訂出計劃。這不僅能夠為企業指出努力的目標，而且也為事後的考查提供了標準。

　　業績責任計劃，不僅是對業績提出計劃要求，而且還要明確負責執行業績計劃的人所應承擔的責任。這樣，才能使業績計劃真正得以落實。

　　由於企業各部門，各崗位都在創造或協助業績，所以業績責任計劃應該分門別類地制訂；由於業績的創造是隨時間推移而積累的，所以，業績責任計劃的指標要按時間分解，通常以月為單位。這裏不對每種業績責任計劃都作說明，而只選一些最重要的做說明。

◎不同科目的損益責任計劃

　　損益問題是企業經營中至關緊要的問題。所以，損益責任是最重要的責任。然而，損益的形成因不同部門的活動，反映在有關報表上，便是不同的科目。因此，損益責任計劃，必須明確各個科目負責人，使對這些科目損益的檢查，變為對負責各個科目的人的檢查。不僅如此，對負責各科目的責任者，不僅要明確管理負責人，而且還要明確實行負責人，這樣，才能既落實領導責任，又落實具體經辦人責任。領導人可通過對這些損益責任計劃實行情況的瞭解，掌握具體經辦人員的績效，並進行橫向比較。

　　關於不同科目損益責任計劃的制訂方法，損益責任計劃以表的形式製作，第一欄是各科目（收益和費用項目），第二欄是管理負責人，第三欄是實行責任人，第四欄是計劃辦法，第五欄以後是各收益項目的數值，包括計劃值和實績值以及完成率（實績值/計劃值）。這些數值按月考查，最後是全年合計，總體考查。下面是不同科目損益責任計劃表的例子。（參閱表 5-1-1）

表 5-1-1　不同科目損益責任計劃表

科目＼摘要		管理負責人	實行負責人	計劃方法	全年合計		1 月	2 月
1. 銷售額		銷售會計	各銷售科長	月份構成比率法	計劃			
					實績			
					%			
2. 銷售成本		銷售會計生產會計	各單位內主辦人	成本對銷售比率法	計劃			
					實績			
					%			
3. 銷售總利潤（第1項－第2項）		銷售會計生產會計	各單位內主辦人	成本對銷售比率法	計劃			
					實績			
					%			
4.一般管理銷售費	⑴董、監事報酬	總經理	各董、監事	固定金額分配法	計劃			
					實績			
					%			
	⑵薪金	總務主任	各主辦人	固定金額分配法	計劃			
					實績			
					%			
	⑶獎金	總經理	各主辦人	固定金額分配法	計劃			
					實績			
					%			
	⑷福利保健費	總務主任	各主辦人	固定金額分配法	計劃			
					實績			
					%			
	⑸搬運費	業務科長	各主辦人	對銷售比率法	計劃			
					實績			
					%			
	⑹交際費	銷售會計	各主辦人	平均分配法	計劃			
					實績			
					%			
	⑺交通費	各主辦會計	各主辦人	固定金額估計法	計劃			
					實績			
					%			
	⑻通訊費	各主辦會計	各主辦人	對銷售比率法	計劃			
					實績			
					%			
	⑼水電費	總務科長	各主辦人	對銷售比率法	計劃			
					實績			
					%			
	⑽車輛燃料費	總務科長	各主辦人	對銷售比率法	計劃			
					實績			
					%			

4. 一般 管理 銷售 費	(11) 房租費	總務科長	各主辦人	固定金額 估計法	計劃		
					實績		
					%		
	(12) 折舊費	財務科長	各主辦人	固定金額 估計法	計劃		
					實績		
					%		
	(13) 其他	各主辦會計	各主辦人	各科目不 同	計劃		
					實績		
					%		
	合計				計劃		
					實績		
					%		
5.營業利潤(第3 項-第4項)		各主辦會計	各主辦者	對銷售比 率法	計劃		
					實績		
					%		
6.營業外收入		財務科長	各主辦者	對銷售比 率法	計劃		
					實績		
					%		
7.營業外支出		財務科長	各主辦者	對銷售比 率法	計劃		
					實績		
					%		
8.稅前純利潤(第 5項-第7項)		總經理	各主辦會計	按利潤計 劃	計劃		
					實績		

◎不同科目資金責任計劃

　　資金對於企業來說，是正常運營的重要保證，也是提高經濟效益的一個重要方面。如何運用好資金、調度好資金是企業主要領導人的責任，也是各有關管理及經辦人員的責任。為使各負其責，並及時進行檢查考核，制訂資金責任計劃也是必不可少的。

　　資金責任計劃也需按不同科目制訂。因為不管原來的資金計劃如何卓越，會計人員如何能幹，如果僅由他們按計劃行事，而不明確所有與運用、調度資金有關的部門和人員的責任，則資金計劃很難完全

得以貫徹。所以，同損益責任計劃一樣，資金責任計劃也要讓實際使用資金的人都擔負起責任。要做到這點，就要按不同科目來訂計劃，那個科目和那些人有關，就由那些人承擔責任。為此，一要明確指定各科目管理負責人，由這些人承擔領導責任，公司最高領導層直接監督檢查他們；二要明確指定各科目實行負責人，由這些人承擔經辦責任，各科目管理負責人監督檢查實行負責人。這樣，才有可能完成既定的資金計劃。

不同科目資金責任計劃的制定，主要通過繪製計劃表來實現。其第一欄是資金收支、運用的科目，第二、三兩欄分別是管理負責人和實行負責人的情況，第四欄以後是各項目指標的數值。這些數值包括全年合計的數值和每月的數值。這些數值也需作計劃與實績的對比，並算出完成率（實績/計劃）。以某公司為例，可作一不同科目資金責任計劃表。（參閱表 5-1-2）

表 5-1-2　××公司不同科目資金責任城市計劃表

科目＼摘要		管理負責人	實行負責人		全年合計	1 月	2 月	...
1.現金收入	(1)上月結餘	會計主任	主辦人	計劃				
				實績				
				%				
	(2)銷售款回收票據兌現	銷售會計會計主任	各主辦人	計劃				
				實績				
				%				
	(3)其他	會計主任		計劃				
				實績				
				%				
	小計(1)＋(2)＋(3)	財務部長	各主辦人	計劃				
				實績				
				%				
2.現金支出	(1)應付票據結清	財務部長	會計主任	計劃				
				實績				
				%				
	(2)賒購款的支付	財務部長	各主辦人	計劃				
				實績				
				%				

續表

2. 現金支出	⑶職工工資經費	財務部長	會計主任	計劃				
				實績				
				%				
	⑷利息、貼現費	財務部長	會計主任	計劃				
				實績				
				%				
	⑸其他	財務部長	會計主任	計劃				
				實績				
				%				
	小計⑴＋⑵＋⑶ ＋⑷＋⑸	財務部長	各主辦人	計劃				
				實績				
				%				
3. 特別現金支出	⑴設備貨款	總經理	各部門主管	計劃				
				實績				
				%				
	⑵借入款結清	總經理	會計主任	計劃				
				實績				
				%				
	⑶其他	視內容而定	各主辦人	計劃				
				實績				
				%				
	小計⑴＋⑵＋⑶	總經理	各主辦人	計劃				
				實績				
				%				
4. 收支相抵(1－2－3)		財務部長	會計主任	計劃				
				實績				
				%				
5. 資金調度	⑴票據貼現	財務部長	會計主任	計劃				
				實績				
				%				
	⑵借入款	總經理	會計主任	計劃				
				實績				
				%				
	⑶其他	總經理	會計主任	計劃				
				實績				
				%				
	小計⑴＋⑵＋⑶	總經理	會計主任	計劃				
				實績				
				%				
6. 轉入下月結存(4＋5)		會計主任	主辦人	計劃				
				實績				
				%				

◎經營層的業績責任計劃

企業中每個人都要為創造良好的業績作出努力，經營層尤其要創造良好的業績。而要使各部門的經營者業績優秀，最高經營者必須以身作則，從自己做起。許多成功的企業，都很重視這一條。經營層個人業績責任必須明確。為此，要制訂經營層個人業績計劃，並按年進行業績評價。這樣，便形成這樣一種責任制度：

1. 最高經營層作為一個整體，承擔公司的業績責任；

2. 最高經營層中的每一個人，承擔各自分管部門、分管工作的業績責任，分擔整體責任。

在經營層個人業績的計劃以及隨後的評價中，採取的具體方法是，由董事會決定各人的業績計劃，並按照計劃，對各人的實際業績進行評價。評價採用打分方法。打分標準和辦法均由董事會討論通過並作出明文規定。基本的評分辦法是完成率×權數＝得分。完成率為實績與計劃之比，即實績值/計劃值，權數為某項目在全部項目總量中的比重，它根據每個項目的重要程度來確定。各項目得分的合計為綜合評分值。董事會根據綜合評分值決定每個經營層人員這一年的報酬，並作為對明年定薪的參考。

以 AB 公司為例，說明經營層個人業績責任計劃的制定。個人業績責任計劃以表的形成制訂出來，便如下表 5-1-3 的形式。

其他經營層的主要幹部（董事、副總經理、董事兼部門經理等等），其個人業績責任表也如同總經理的業績責任表相似，此處不再一一列出。

一般來說，如果綜合評分能達到 90 分以上，就應認為業績是相

當不錯了。當然，除了看綜合評分，還要分析各項目的評分，特別是那些權數大的項目。如果綜合評分達到 90 分，而其中有某一個項目業績很差，完成率未達 50%，也應引起高度重視。

表 5-1-3　AB 公司經營層個人業績責任表

董事兼總經理××		完成率	權數	評分	特別事項
1. 綜合經營	⑴稅前純利潤須完成 5.3 億元	97%	20%	19.4%	尚未完成 850 萬元，非常遺憾
	⑵附加價值率須達到 46%	93%	10%	9.3%	不足 3.22%，是商品結構不妥造成的
	⑶從業人數 187 名	100%	10%	10.0%	感謝全體人員的合作
	⑷總資本 57 億元	100%	10%	10.0%	感謝會計科的努力
	⑸人工費分配率 35%	92%	10%	9.2%	
2. 營業方面	⑴訪問主要客戶，全年須 120 次	100%	10%	10.0%	得營業部門協助之處很多
3. 生產方面	⑴提高質量的查核工作，全年須 12 次	100%	5%	5.0%	次數已完成，內容上加強
4. 管理方面	⑴內部監督查核，全年 12 次	100%	5%	5.0%	下期將作為業務改善的查核標準
5. 技術、研究	⑴技術出口達到 1 億元	89%	10%	8.9%	未達到部份因某合約延期
6. 人事、勞動方面	⑴個別談話教育全年 240 次	100%	10%	10.0%	
綜合評分		100%		96.8%	作為總經理，認為尚須各部門的大力支持

◎部門管理人員的業績責任計劃

如果營業部經理是董事兼任的，那麼，他的業績責任計劃，應當列入經營層個人業績計劃之中。如果不由董事兼任，則應列入營業部管理人員業績責任計劃之內。營業部管理人員，包括部經理、各分公司經理、營業部管理內的各科長、各分公司中的科長、股長、各推銷員。

由於營業部是公司中最重要的部門之一，銷售業務的好壞直接關

係到公司的發展前景，因此，營業部管理人員的業績責任計劃是十分重要的。在制訂了經營層個人業績責任計劃之後，營業部管理人員的業績責任計劃必須緊跟著制訂。

營業部管理人員業績責任計劃的制訂方法，既與經營層個人業績責任計劃相似，也有一些不同之處。其工作流程為，先由各人遵循全公司的利潤目標或年經營方針，以自我申報方式提出計劃值，由各部門開會討論。其中科長以上的個人計劃，須經經營會議審議，然後才最後決定。而股長以下的人員，其計劃由各部門負責人裁定。

在這些計劃實施後，對各人業績的評價，首先由本人作自我評價、自我評分，科長以上的評分結果，須經經營會議的審議，得到公認後才能確定。股長以下人員的評價，則只需部份經理認定便可以了。

以 AB 公司為例，說明營業部管理人員業績計劃表的制訂。在計劃表裏的各項目，基本上與經營層個人業績責任表中一樣，具體每一項目的得分，也是完成率和權數的乘積。（參閱表 5-1-4）

表 5-1-4　AB 公司營業部管理人員業績責任計劃表

董事兼總經理××		完成率	權數	評分	特別事項
1. 銷售計劃（權數 60%）	⑴邊際利潤 33 億元	99%	30%	27.0%	
	⑵銷售額 65 億元	100%	10%	10.0%	新商品完成計劃，且超出計劃
	⑶新商品 7 億元	100%	10%	10.0%	
	⑷新客戶 120 家	100%	10%	10.0%	
2. 銷售價	⑴平均 20 萬元	98%	10%	9.8%	銷售價未完成計劃，因普遍降價所致
3. 銷售債僅	⑴逾期日 150 天	100%	10%	10.0%	
4. 退貨率	⑴年平均 1%以內	100%	5%	5.0%	
5. 交通事故	⑴年 15 件以內	100%	5%	5.0%	
6. 銷售固定費	⑴年節減 960 萬元	98%	5%	4.1%	
7. 推銷員訓練	⑴每月 10 小時	100%	5%	5.0%	
綜合評分		100%		96.7%	新商品上市推銷成功，老產品被忽視

其他營業部管理人員，如××分公司經理、總公司銷售部經理等等的個人業績責任計劃，參照上表的製作方法。

◎管理部門的個人業績責任計劃

在公司制訂個人業績責任計劃時，除了經營層和營業部需要制訂計劃，其他管理部門，如人事部門、總務部門、會計部門等等管理部門，也需嚴格按業績責任原則，納入管理者個人業績責任體制內。當然管理部門面很廣，因此，他們個人業績計劃的重點也不盡相同。有的部門，個人業績可用價值進行衡量，有的部門，個人業績只能用非價值的標準進行衡量。以 AB 公司人事教育科長的計劃為例，他管理的內容很多，要管理職工工資獎金等方面的工作及人員錄用、考核方面的工作，還要管不同崗位職工的教育培訓方面的工作。這些工作，如果幾個人事教育科長（正副科長）有分工，則某位科長的業績責任計劃可側重在其主管的某項工作方面，如果他是位全面負責教育工作的科長，則計劃的重點應是各項目的總體完成情況，而不必像主管某項工作的副科長那樣，把那項工作層層分解、深入考核。

以 AB 公司為例，說明公司管理部門個人業績責任計劃（參閱表5-1-5）。在 AB 公司由總務部經理管理人事教育科長、總務科長和會計科長。這三位科長的個人業績責任計劃表內，分別列入了他們必須承擔責任的項目。人事教育科長的業績責任項目有：(1)全員工薪管理；(2)不同職別的職工用工計劃管理；(3)每月人事考核；(4)教育培訓計劃的實施；(5)其他事務計劃的實施。總務科長的業績責任項目有：(1)總務科經費節省額標準；(2)勤務標準的提高；(3)查核各部門辦公用品合理化的情況；(4)改善公司住宅和宿舍的條件；(5)管理公司車輛的

保養。會計科長的業績責任項目有：(1)提供決算資料；(2)完成資金計劃；(3)對全公司每月損益進行監督檢查；(4)每月利息支付額降到 10萬元以下；(5)每月節省 10 萬元總務部門直接使用的經費。

表 5-1-5(1) AB 公司管理部門個人業績責任計劃表

人事教育科長			
業績責任項目		1 月	……
1. 全員工薪管理	計劃		
	實績		
	完成率		
	權數		
	評價分		
2. 職工用工計劃管理	計劃		
	實績		
	完成率		
	權數		
	評價分		
3. 每月人事考核	計劃		
	實績		
	完成率		
	權數		
	評價分		
4. 教育培訓計劃的實施	計劃		
	實績		
	完成率		
	權數		
	評價分		
5. 其他事務計劃的實施	計劃		
	實績		
	完成率		
	權數		
	評價分		

表 5-1-5⑵　AB 公司管理部門個人業績責任計劃表

總務科長		
業績責任項目	1 月	……
1. 總務科經費節省額	計劃	
	實績	
	完成率	
	權數	
	評價分	
2. 勤務標準的提高	計劃	
	實績	
	完成率	
	權數	
	評價分	
3. 查核辦公用品合理化情況	計劃	
	實績	
	完成率	
	權數	
	評價分	
4. 發送公司住宅和宿舍的條件	計劃	
	實績	
	完成率	
	權數	
	評價分	
5. 管理公司車輛的保養	計劃	
	實績	
	完成率	
	權數	
	評價分	

表 5-1-5⑶　　AB 公司管理部門個人業績責任計劃表

會計科長			
業績責任項目		1 月	……
1. 提供決逐資料	計劃		
	實績		
	完成率		
	權數		
	評價分		
2. 完成資金計劃	計劃		
	實績		
	完成率		
	權數		
	評價分		
3. 對全公司每月損益監督檢查	計劃		
	實績		
	完成率		
	權數		
	評價分		
4. 每月利息支出降到 10 萬元以下	計劃		
	實績		
	完成率		
	權數		
	評價分		
5. 每月節省 10 萬元總務部門直接使用的經費	計劃		
	實績		
	完成率		
	權數		
	評價分		

　　上述內容列入各科長業績責任計劃表的第一欄，從第二欄開始，便是按目標排序的業績考核登記。這中間，首先是記入計劃值，接著是實績值，然後是完成率，接著是權數，最後是評價分。其計算方法為：實績值/計劃值＝完成率，完成率×權數＝評價分。

◎各部門業績責任計劃

　　企業的生產經營活動，是透過各環節、各層次以及每一個人的工作展開的。企業的業績是企業中每個人努力創造的。個人業績的責任必須強調，企業作為一個有機的組織，它是作為一個組織存在、作為一個組織行動的。個人的活動是通過一定的組織形式進行的。

　　因此，僅僅對個人業績進行考核還不夠，還必須對整個組織以及組織中每一個分系統進行考核。這就是所強調的部門業績責任計劃，部門是企業中的一個個相對獨立的單位，它可以是總公司的各個職能部門，也可以是總公司下面的分公司。這些部門的業績，是整個公司業績的組成部份。

　　由於部門的情況相差很大，部門業績責任計劃的具體內容和制訂方法也不盡相同。這需要在制訂計劃時加以具體分析和考慮的。但就基本的制訂思路而言，作為部門的業績責任計劃，有幾點是基本相似的，這就是：

　　1. 部門業績責任計劃須以部門作為計劃、考查的對象。因此，考查和計劃的內容，須是這些對象所涉及的項目。

　　2. 部門業績責任計劃應以大致統一的標準進行計劃。例如，如果按縱向排列的部門(即從總公司到各分公司，按活動內容列為一個部門)，那麼，計劃和評價的標準就應按這一活動的客觀要求確定。如果是按橫向排列的部門(即把相同等級但進行不同活動的單位列在一起)，則要把這些部門所進行的活動業績折算成同一單位的計劃項目或指標。

　　3. 部門業績責任計劃的評分方法可以不同，但基本思路應該一

致，這就是以完成率作為最基本的評價依據，完成率越高，評的分就越應接近滿分。

下表是不同的公司部門業績責任計劃：

表 5-1-6　某公司各部門業績責任計劃表

部門 項目		生產部門			銷售部門			…
		合計	第一 分廠	第二 分廠	合計	南方 公司	東部 公司	
1. 純利潤	實績							
	計劃							
	完成率							
2. 部門負擔費用（總 公司費用、利息）	實績							
	計劃							
	完成率							
3. 部門直接利潤	實績							
	計劃							
	完成率							
4. 部門固定費	實績							
	計劃							
	完成率							
5. 部門邊際利潤	實績							
	計劃							
	完成率							
6. 部門銷售成本	實績							
	計劃							
	完成率							
7. 部門盈虧平衡點	實績							
	計劃							
	完成率							
8. 部門生產率（第 5 項/部門人員）	實績							
	計劃							
	完成率							
9. 部門評分	平均完成率							
	評分							

　　說明：公司是採用損益平衡點方式來制訂各部門的業績責任制度的，表中第一項，是各部門必須達到的純利潤額。第二項部門負責費用是分攤總公司管理部門的經費和利息額，各科目都按照銷售額、資產、人員等分攤。第三項部門直接利潤，是該部門必須爭取的責任利潤，是由第五項減去第四項而得的。第四項部門固定費，是部門直接負擔的工資、交際費、交通費、租賃費、折舊費、修繕費以及其他各種費用的總和。

　　第五項部門邊際利潤，是第七項減第六項而得。第六項部門銷售成本，是部門經手的各項變動費用，如對外訂購費、動力燃料費、包裝運輸費等。第七項部門銷售額，在銷售部門，指實際的銷售額；在生產部門，是指按公司內部結賬標準計算的銷售額。內部結賬標準是依據標準生產成本和管理成本之和對銷售額的比率而確定的結賬成本率，然後反過來用以計算非銷售部門銷售額的一種係數，銷售額計劃值是計劃的成本除以內部結算成本率所得之數，實績值是實際的成本除以同一比率而得之數。

　　第八項部門損益平衡點，由第四項除以部門邊際利潤率而得，部門邊際利潤率由第五項除以第七項再乘100%而得。

　　顯而易見，上例是按照橫向原則排列部門進行業績責任計劃的。下面所要介紹的第二個例子，是按照縱向原則排列部門進行業績責任計劃的。在這個例子裏，營業部門是一個大部門，凡與推銷經理直接有關的職能部門和各分公司，都視為同一部門。在實際工作中，營業部對這些分公司只是就推銷方面是一種指導關係，而並無隸屬關係。

表 5-1-7　H 公司營業部門業績責任計劃表

業績責任 評價項目			營業部會合計	第一分公司	第二分公司	總公司銷售部	營業管理科
1. 銷售額	(1)新商品	計劃					
		實績					
		完成率					
		權數	20%	20%	20%	20%	天
		評分					
	(2)老商品	計劃					
		實績					
		完成率					
		權數	10%	10%	10%	10%	
		評分					
	(3)合計	計劃					
		實績					
		完成率					
		權數	30%	30%	30%	30%	5%
		評分					
2. 變動費		計劃					
		實績					
		完成率					
3. 邊際利潤(1 項－2 項)		計劃					
		實績					
		完成率					
		權數					
		評分	10%	10%	10%	10%	5%
4. 固定費	(1)用人費	計劃					
		實績					
		完成率					
	(2) 固定銷售費	計劃					
		實績					
		完成率					
	(3)合計	計劃					
		實績					
		完成率					

續表

5. 部門直接利潤（3 項－4 項）	計劃					
	實績					
	完成率					
	權數	30%	30%	30%	30%	50%
	評分					
6. 所需人員	計劃					
	實績					
	完成率					
7. 賒銷款回收	計劃					
	實績					
	完成率					
	權數					
	評分					
8. 新開拓銷售額	計劃					
	實績					
	完成率					
	權數	10%	10%	10%	10%	5%
	評分					
9. 生產率（部門直接利潤÷部門用人費）	計劃					
	實績					
	完成率					
	權數					
	評分					
10. 綜合評分（1、2、5、7、8、8、9 項相加						

說明：H 公司營業部門業績責任計劃表中，第一項銷售額為純銷售額。第二項變動費包括由營業部門經手的各項變動費用，如包裝運輸費、銷售手續費、降價退貨、倉庫租金、燃料費等。第三項邊際利潤是由第一項減去第二項所得的。

第四項固定費用中各科目由各部門起草計劃提出，經由開會協商

後再作決定。第五項直接利潤是由第三項減四項得來的。最後綜合評分是第一項、二項、五項、七項、八項、九項相加而得。所以用這些項目的評分值相加，是因為其他一些項目與營業部門本身的努力關係不大或已經包括在其他項目的評價之中了。

2 部門計劃工作的執行跟催

如果不去實行，不管計劃做得多好，還是沒有意義。有了計劃，就必須實行，如何實行是個大問題。

◎部門計劃工作的執行

為使年計劃能夠實行，要注意事項是：

第一、要使公司員工，至少領班以上督導人員，都能理解年經營計劃。至於如何使員工理解，也得要研究推行理解的方法。

大部份公司在發佈年經營計劃時，當天大多放假，借用銀行禮堂或其他議事廳舉行以示慎重，在上午專事檢討及發表去年一年間的業績，下午才開始討論本年的經營計劃，由各部門主管負責發表該部門的年計劃，並非僅由董事長或總經理唱獨角戲。

如果在員工僅 50 人以下的小公司，最好還能將年計劃印成文件發給所有員工，以便說明。

在經營計劃方面，也充分顯示東西方人意識的差異，有些員工在年經營計劃公佈之時，往往心裏嘀咕：「這是公司的計劃，與我無關！」

完全是無責任的意識。

必須實行部門責任制度，企業一旦經營規模愈大，則各部門的責任體制就愈變得曖昧不明，變成官僚作風，一方面逃避責任，一方面爭取權利，這是共通性的普遍缺點。

為要消除「年計劃是公司的事，不是我們的事」的意識，我們必須將年計劃再細分為部門別或更進一步的小組別的計劃。

以部門別或小組別為主的計劃確有其必要，這種部門別或小組別的計劃，最好是具有自主性的，然後加以綜合，並與公司的目標配合一致。如此就可以形成一種意識，「這個部門計劃，也就是我們的計劃」。

這種部門別年經營計劃，最好也能配合組織的原則。

同時，如果許可權和責任不能清楚確立，則其實行及運用就有困難。換言之，欲推行部門別年經營計劃，組織化是非常有益的助力。

在日本，有一家推選這種制度非常徹底的企業，叫做山善機械工具公司（大阪），從業員上千。不到幾年，成為日本第一的機械工具公司，到今天已經鴻圖大展進軍於世界市場，發展非常迅速。每年利益率大多維持在 50%到 60%的持續高成長狀況。

該公司為何能持續高度成長呢？多年前，該公司就廢除了年終獎金制度，而將資金融會於平常的基本薪水之中。該公司約劃分有四十個單位（部門、組），其利益目標及生產目標均明確訂出，只要超出目標以上，其利益就依部門別予以適當分配。因此，每個月每個單位就實施決算，超出目標計劃的部份，全部以次月份薪資方式發放。這種制度的實施結果，每一位員工都以提高業績為自己的責任，具有強烈而徹底的為自己部門努力之意識，這就是山善機械工具公司迅速發展的基本力量。

這種方式，比起官僚式組織或其他方式，其要求更為嚴格，效果也更好，其薪資及利益分配也是較高的水準的。

◎部門計劃工作的修正

時常有這樣的問題，即情況發生變化，計劃與實績有了出入時，可不可以加以修正？答案是當然需要修正。或是修正三個月前的，或是修正一個月前的等等，這是絕對需要的。相對的除非發生了天災地變，否則，年目標本身是不宜加以修正的。不過，內容的添削是可以允許的。

◎部門計劃工作的推進與檢查

凡是很容易受到外界經濟景氣與否影響的業種，即所謂的市況產業，都需要檢查經濟的動向與景氣的動向。

如此則每月都需召開一次左右的經營會議、勞資協定會、預算委員會、生產銷售會等會議，檢查並檢討各個階段的推展成績，並議決次月以後的對策。比如說，預算委員會檢討經費預算；生產銷售會議檢討生產計劃與銷售計劃；勞資協議會則檢討勞務計劃；而經營會議即檢討綜合計劃、資金計劃或損益計劃等。

假如是小企業的話，那就不必召開太多會議去浪費時間了。各項問題可以綜合以經營會議來解決。同時，會中亦只須把握問題重點與對策就可以，以便確實的發揮會議的效率。再即為避免而不議，議而不決，決而不行等毛病，可將各種資料預先分發給各有關人員。表5-2-1，是經營會議資料的一個例子。

表 5-2-1⑴ 經營會議資料

No.　　　　　　　　　　　　　　　　　　　　　　　　　期間：

報告事項	明細項目	××	其他	合計	北	東北	關東	輸出	九州	合計	特記事項
		品種別			地區別						
營業部	銷售目標與實績之差 — 目標										
	實績										
	差										
	對請求額之回收目標與回收實績的比較 — 請求額										
	目標										
	實績 現										
	約										
	相抵等										
	計										
	製品庫存數量與金額										
	列藏品 3 個月以上未動										
營業部	銷售價格維持狀況										
	未回收的原因及對策										
	客戶的苦情										
	受訂餘額一覽表及原因										
	同業者之動向										
	問題點										
會計部	檢討資料	經營成果報告書、經營狀態判定表與 B/S、資金調度									
	問題點										
勞動關係	從業員 1 人份的銷售額 — 銷售額				特記事項（變動、採用、退職等）						
	從業員數										
	變動率 — 調動人員										
	從業人員數										
	出勤率（不包括有薪休假）— 作業日數×從業員數－缺勤數										
	作業日數×從業員數										
	勤怠率（包括有薪休假）— 作業日數×從業員數－缺勤日數										
	作業日數×從業員數										
	加班率 — 時間外勤務時間										
	作業時間										
	銷售人工費率 — 人工費										
	銷售額										
	1 人份的附加價值額 — [生產額－（材料費＋減價折舊費）]÷從業員數										
	遲到、早退、事假、外出										
總務	登記事項等										
	問題點										

表 5-2-1⑵　經營會議資料

<table>
<tr><td rowspan="14">採購與盤存關係</td><td colspan="2">本月材料採購額</td><td>數量
金額</td><td>次月採購預定</td><td>數量
金額</td></tr>
<tr><td colspan="2">項目</td><td>數量</td><td>金額</td><td>參考事項</td></tr>
<tr><td rowspan="4">材料費</td><td>主要材料費</td><td></td><td></td><td rowspan="4"></td></tr>
<tr><td>補助材料費</td><td></td><td></td></tr>
<tr><td></td><td></td><td></td></tr>
<tr><td>計</td><td></td><td></td></tr>
<tr><td colspan="2">材料價格維持狀況</td><td colspan="3"></td></tr>
<tr><td colspan="2">新客戶及停止交易客戶名及其理由</td><td colspan="3"></td></tr>
<tr><td rowspan="4">材料使用額</td><td>①前月末材料盤存</td><td></td><td rowspan="4">問題點：</td><td rowspan="4"></td></tr>
<tr><td>②本月材料採購額</td><td></td></tr>
<tr><td>③本月末材料盤存</td><td></td></tr>
<tr><td>①＋②－③</td><td></td></tr>
<tr><td colspan="2">材料庫存額</td><td></td><td>半成品庫存額</td><td></td></tr>
<tr><td colspan="2">死藏品、廢棄品及其理由</td><td colspan="3"></td></tr>
<tr><td rowspan="12">生產</td><td rowspan="3">材料檢查
（特定店不良率）</td><td>1.　%</td><td>2.　%</td><td>3.　%</td><td rowspan="3">對策</td></tr>
<tr><td>4.　%</td><td>5.　%</td><td>6.　%</td></tr>
<tr><td>7.　%</td><td>8.　%</td><td>9.　%</td></tr>
<tr><td rowspan="4">作業預定與其實績</td><td>作業名</td><td>作業時間</td><td>標準</td><td>實績　參考事項</td></tr>
<tr><td>反應</td><td></td><td></td><td></td></tr>
<tr><td>協調</td><td></td><td></td><td></td></tr>
<tr><td></td><td></td><td></td><td></td></tr>
<tr><td rowspan="2">生產額</td><td>製造金額</td><td></td><td></td><td></td></tr>
<tr><td>作業時間</td><td></td><td></td><td></td></tr>
<tr><td colspan="2">不良率之目標與實績</td><td>目標</td><td>實績</td><td>原因</td></tr>
<tr><td colspan="2">生產額</td><td colspan="3"></td></tr>
<tr><td colspan="2">問題點</td><td colspan="3"></td></tr>
<tr><td rowspan="4">研究開發關係</td><td colspan="2">研究主題進行狀況</td><td colspan="3"></td></tr>
<tr><td colspan="2">重要情報</td><td colspan="3"></td></tr>
<tr><td colspan="2">問題點</td><td colspan="3"></td></tr>
<tr><td colspan="2">特記事項</td><td colspan="3"></td></tr>
</table>

◎以迅速的情報處理與報告

　　所有的事務，非有益於經營的情報處理不可。根據這一觀念，從事於事務改善、報告制度或會議制度的改善等。

　　因為經營者必須及早獲悉計劃的進展狀況或實施狀況，而後始能指示適當的對策。所以，這個被稱之為事務的情報處理，若缺乏迅速性就不會有作用了。有家公司說已做了個別成本計算，原來他們所做的只是四個月前的總計而已。也有不少公司聽說「枉用一些管理費做著那些毫無作用的個別成本計算，其實不如不做的好。」因而即時改用直接成本法，把成本情報貢獻給經營的。

表 5-2-2　經營報告的一例

報告
2018 年 3 日 25 日與上星期比較，三月份出貨與利益最大變化如下： 客車車體：出貨預定額為 \$×，×××，×××，與上週相較，增加 　　　　　\$××，×××，這是因為增加\$××，×××的出貨所導 　　　　　致的。利益為\$×××，×××，較上週多出\$×××， 　　　　　×××，這是由銷貨增加而達成的。 鐵路製品：由於×製品之銷貨增多，出貨達\$×××，×××，利益增至 　　　　　\$××，×××。 化學機器：出貨與利益各跌落為\$××，×××與\$××，×××，原因 　　　　　在於 X 製品之延期訂購，以及接受\$××××之訂購後，其 　　　　　所需資材進貨過遲所致。 電動機：出貨實績\$××，×××，但較估計少\$××，×××。z 商品 　　　　可能退回至上遲的盤局。利益\$××，×××，與上週同。 暖氣機：銷售額\$××，×××，已有進步。目前的估計為\$×，×××、 　　　　×××。仍較預計的少\$××，×××。 航空關係：出貨將達\$×××，×××，較預估增加\$××，×××。這 　　　　　是因為\$××××訂了延期至四月之貨的緣故 謹呈 總經理 　　　　　　　　　　　　　　　　　　　　　　　　　經理室資料中心

表 5-2-3　向董事會報告的例子

報告的重點

公司全體：

二月份的出貨($××，×××，×××)超出計劃$××，×××。汽車關係與石油關係的前途均很樂觀。2013～2014 之出貨目標為$×××，×××，×××似乎可以如期達成。如此即能超過計劃$×，×××，×××。

三月的 Demaglas 關係，一如預料中的頗為順利，不過與去年比較起來，似乎低落了。按一般來說，市場條件業已走向下坡。

汽車關係：

二月份的出貨額達$×，×××，×××，已超過預估與計劃。利益總計是$×××，×××，雖有新工廠之損失$××，×××，仍然超出計劃 s××，×××。客車車體之出貨，尤其是××製品，正在繼續看好中。這在改善經營效率之後，將會帶來春季的景氣。卡車的出貨利益亦已超過計劃了。A 工廠的損失之中，包括有汽車部門之經費$××，×××。預定二月間實施的二班工作制，須待三月間始能實行。

石油關係：

導管關係的利益與一月份的相同，高達$×，×××，×××。年累計將可超出計劃達$×，×××，×××之多。觀看預測利益，則本年本集團的成績，將能超出計劃$×，×××，×××。

在預測上，化學用機器有漲價的傾向與提高效率的傾向。目前的受訂餘額為$×，×××，已足以保證年中的工作量了。目前的利益雖然低於計劃$××，×××，相信年末必然可以趕上計劃。

但也不能因需要報告，即事無大小一律向經營者報告。我們知道，經營者是大忙人，他不能被每項工作的細節所拘束。因此，普通只要提出各管理階段別的綜合性的報告就行了。

表 5-2-4　生產銷售報告之一例

月			生產及銷售資料	累計(個月)		
2018 年				2018 年		
實際	預算偏差 (增減)%			實際	預算偏差 (增減)%	
			生產 　　紙(噸) 　　紙板(噸) 　　袋類(1000)			
$1.	$1.		生產成本 　　紙(每噸) 　　紙板(每噸) 　　袋類(每 1000 枚)	$1.	$1.	
			銷售 　　紙(噸) 　　紙板(噸) 　　袋類(1000)			
$1.	$1.		銷售價格 　　紙(每噸) 　　紙板(每噸) 　　袋類(每 1000 枚)	$1.	$1.	
$1.	$1.		總利益 　　紙(每噸) 　　紙板(每噸) 　　袋類(每 1000 枚)	$1.	$1.	
			現時岸存 　　紙(噸) 　　紙板(噸) 　　袋類(1000)			

3 對部門業績給予評價

公司業績的好壞，必須加以評價。然而，這種評價工作，必須是以年經營計劃為基準，將實行結果與之比較，瞭解是高或低，其達成率為如何。

因此，說經營計劃是公司業績評價的最重要標準，應不算過分。如果沒有年計劃，而去評價本公司一年來的業績，就變成毫無意義了。

1. 公司檢討，一年一次。

2. 總公司對各事業部，以一季為檢討週期。

3. 各事業部對轄下的業績執行單位，以每月為檢討週期。

◎一年一度的評價是不夠的

這種業績之評價，一年只評價一次是不夠的。在一年之初，先確立年經營計劃，到一年截止之時，再來評價其好壞，這並不能作檢討改善之用，因此每月評價是有其必要的。

此外，以三個月一次——每年四次作重點式檢討評價也是有其必要的。這種評價工作，在實行年經營計劃上是不可缺少的條件。

評價方式隨企業不同而有各式各樣的安排。無論中小企業或大企業，經常以舉行經營會議，即席檢討評價的方式來從事評價，這種方式相當可取。

在今日經營環境下，董事會的功能所佔比重似乎愈來愈小；實際上的業績評價會議，應該是以公司全體的業績評價為主，故不僅經理

級人員參加，還要讓在現場實際工作的員工代表參加。

尤其每月評價會議更不可忽視此原則。

1. 再者，一月份的經營成果，應該在二月五日至十日內做好檢討資料。至少要以一月份計劃與實績的對比達成率，與去年同月份比較，評價其到底是好是壞。

2. 在評價檢討會議中，如遇到提出問題，也應該立即予以解決。最少，二月份的問題，到三月份一定要解決，如果仍不能解決，則將其未完成之部份提交經營會議，再決定其對策。

3. 檢討會議的進行，有包括「上月決議事項」。

◎提高月份決算的速度

執行每月回饋檢討方式，可以及時研討決定問題點的解決對策，年的計劃才有可能確實實行。有每個月一次的評價，以及每三個月一次的重點評價，自然而然的就完成了一年的業績評估。

但是，要達到這種程度必須有一項條件，就是必須能達到月份決算的水準，否則業績評價無從做起。在無法建立月份決算體制的公司，其執行年經營計劃的功能也很小，可能也是無意義的。

實際上，也有些公司僅僅擬訂經營計劃，而沒有月份決算。但無論如何，欲達到確實實行正確評估的要求，月份決算還是有其必要性。

◎確實實行與正確之評價

有些公司無法執行月份決算制度，其藉口理由是每月的盤存不易正確把握應付未付之款項、費用以及應收未收之款項，都很不易計算

出來。

　　但是，事實上，任何一家公司，其賬面盤存與實地盤存總會有一些差異，無法絕對一致的。

　　其實，在無法實施每月實地盤點的公司在月份決算時也無妨運用賬面盤存值來做賬。然後到了三個月一次的重點檢核，或半年的假決算時，才運用實地盤點值去調整。

　　如果有實地盤點或賬面盤點都無法執行的公司，則無妨每個月取一定的日子，以全部員工從事較粗略的實地盤點，如此所獲資料也可以作月份決算的初步資料。換言之，無論如何，必須確實曆行月份決算的體制。

　　這種月份決算制度，僅僅提出決算資料是不夠的，還得顧及時效，譬如一月份的決算，至少要在二月五日到十日之間提出檢討，否則就沒有意義了。如果一月份的決算，到了三月四月才提得出來，就完全失去時效了。

　　為達成月份決算制度的要求，有關事務合理化，會計科目處理準則的徹底確立執行，都是必須解決的先決條件。就如前述觀點，年經營計劃如能確實進行，則責任之明確化，科目處理之徹底化，許可權之明確化，都會連帶顯現。這些附帶效果可以藉此達成，經營的內容也都可以藉此正確把握。

◎以達成率當作評價的基準

　　其次，要討論如何以月份決算資料，去檢討評價計劃與實績的問題。

　　當然，以原訂計劃的相對達成率來當作評估基準，是很好的方

式。在最理想的情況下，每一個部門或每一項計劃項目，都希望能達到百分之百的水準。但實際很難盡如人意。某些項目有時達成 120%以上，有些項目僅在 85%之水準。當然，僅可能要控制在接近 100%的左右，這就是主管或督導人員的最大任務所在。如此，可將評價的結果，立刻跟往後的行動相結合，而予以改善。

評價的內容，可大分為下列兩大項：

1. 計算實績對計劃的達成率，再參考比較去年同期或同月的情形。

2. 對未達成的項目，探究明瞭其原因。

◎對業績給予評價，能促進業績的提升

PLAN（計劃）→DO（實施）→SEE（評價）的順序，是任何人都能夠理解的。但是，僅知道這些步驟，而不照著去做，是不行的。一些說起來人人知道的簡單道理，但做起來往往並不容易。不論容易與否，都應對業績給予適當的評價。

任何人受到獎勵，都會奮發。如果不對實績給予適當的評價，就表示員工努力與否，其結果都是相同的。這樣長久以往，追求業績的意志就會逐漸的衰退。員工對工作創造了成果，給予適當的評價，將可使員工奮發。對業績作評價，與提升業績有密切的關係。

要想提升管理效果，就應當縮短管理期間，縮小管理單位。因此，至少需要採行月別或部門別的業績管理。每種企業即使都採用了相同的方法，並不一定都能夠產生相同的效果。因為其效果與種種的因素相關聯，其中最重要的因素，即在於是否對業績作適當的評價。

如果對業績不給予適當的評價，那麼員工不論努力或者不努力，

其結果是相同的。換句話說,所採行的各種管理手段,也只不過是一種事務上的手續而已。相對的,如果對業績給予明確的評價,則在管理上才會真正獲得進步。例如,就部門別利益計劃而言,如果創造了很好的實績,經營者給予很高的評價,那麼對整個企業都會產生相當的影響。

◎如何對業績作評價

對業績作評價,並不是在員工創造了實績之後才決定評價的方法,在還沒有創造實績之前,就應當先行仔細考慮下列事項。

1. 是否決定要以明確的形式作業績評價?

2. 如果要作業績評價,評價項目以及比重如何?

3. 以營業部長個人為對象呢?或者以營業部門所有的員工為對象呢?

4. 是否給與獎賞?

5. 如果要給與獎賞,是給與金錢呢?還是非金錢性的獎賞呢?例如,讓員工利用休閒設施等。

如果要對業績作評價,經常需要考慮,就是綜合評價。綜合評價需要對評價項目給予不同的比重分配。

例如,一級的好酒,其評價標準包括了,顏色給一分,香氣給三分,味道與調和度給六分,總計十分。

採用女職員時,應比照此一要領給予評價。例如,制定容姿、性格、健康、事務能力等評價項目,然後對各個項目訂定不同的比重。那些項目的比重較大,那些項目的比重較小,沒有所謂的最佳分配,完全由當事者的判斷來決定。

除此之外，獎勵的對象到底以個人或集團為主，都應事先考慮清楚。假設以個人為對象，也就是營業部門的業績良好時，獎勵營業部長或課長之類的個人。如果以集團為對象時，就需要獎勵營業部的全體員工。當然，並不一定全公司都須採行劃一的獎勵原則，可配合各部門的特性，加以區分。

◎對業績作評價的方法

各部門的主管，在年開始的時候，訂定了目標。

這些目標有計數性的目標與非計數性的目標。對業績作評價時，即以這些目標的達成度為評價的重點。

評價的方法，依企業的不同而不同，一般原則性的作法有如下述。

1. 目標的達成度——考核目標達成了何種程度？

2. 目標的困難度——所追求的目標，是很困難的目標嗎？

3. 目標達成的努力度——為達成目標所付出的努力如何？

4. 日常業務的進行度——目標以外的日常業務，處理得如何？

之所以要同時列舉好幾個評價項目，是因為只有目標達成度一項，會產生弊害。一個公司的各個部門，所處理的目標是各不相同的，有的困難，有的容易，如果只注重目標的達成度，並不是很公平的標準。因此在作業績評價的時候，必須考慮目標的困難度。

即使沒有達成目標，對員工所付出的努力，也應給予適當的評價，內在或外在條件惡化之後，即使不斷地努力，往往也可能無法達成目標。除了考慮努力度之外，也應注意員工除了在追求目標之外，是否將日常業務作妥善的處理。

對這些評價項目，可以各自設定 A、B、C 欄。重點雖然放在目標

達成度上，但是達成度所佔的比重如何，可以依企業的性質而自行決定。在決定的時候，應考慮經營者的想法，主管以及員工的接受能力，以往的作法，以及其他種種的資料等。

◎上司與部屬的績效溝通

對於目標達成度，首先由員工本人來自行判定。員工判定時，可依據會計部門的資料，達成度由自己來判定，可以讓員工自己反省，並且作為下一期設定目標時的參考。

員工自己作完自我評價之後，其次將由上司來作評價。如果目標訂定得非常明確，目標達成度一目了然的話，那麼員工本人與上司所作的判定，必然是相同的。但是，目標的困難度、努力度、日常業務的進行度等，則由上司的觀察與判斷來決定。

上司作完評價之後，應當與部屬溝通。上司不僅應當將判定的結果告訴部屬，而且兩者的判定如果不一致，應傾聽彼此的意見，並加以說明。上司與部屬立場不同，要想彼此都滿意，並不是一件很容易的事，但是如果不進行溝通，將會產生不滿。

上司與部屬的溝通，不止應當在產生實績之後才進行，在訂定目標的時候，上司不可完全任由部屬去處理，應彼此溝通。在追求目標的期中，會產生各種的問題，上司應給予鼓勵、協助，並與部屬進行溝通。

這樣的作法，即等於上司不是單方面為部屬打分數，而是在辛苦追求目標的過程中，彼此採取反省的態度。上司應當經常對部屬說，「這裏失敗了，如果能這樣做就好了，下一期要設法改進」，部屬理解並接受之後，必能提升上氣。

◎是否給予獎勵

　　某企業的企劃負責人，曾經表示過這樣的煩惱：他的公司讓各部門的主管或負責人訂定了目標。一到了期末，各部門的業績如果在標準以下，這位企劃負責人在內心就鬆了口氣。相反的，如果實績在目標以上，他就定不下心來。

　　這段話聽起來似乎非常可笑。事實上，他的心情正是大企業或中堅企業許多負責人的真實心情。因為，實績在目標以下的話，各部門的員工，都默不吭聲。如果實績在目標以上時，會要求公司給予種種的獎勵。而員工多半都不會去找總經理，所以總經理不必為這些事情操心。但是員工總是向企劃負責人要求，事實上，企劃負責人是無權去決定作什麼樣的獎勵的。

　　員工創造了實績，絕不可擱置不理，必須給予適當的評價。首先須決定獎勵的對象，是個人還是集團，獎勵是用金錢，還是用福利設施。這雖然是個困難的問題，但卻是必須解決的問題。

　　員工努力之後，如果不能獲得適當的評價，必然會產生不滿。公司員工適當的獎賞，會使員工覺得自己所作的努力，得到了適當的報償。在對員工進行獎賞的同時，上司應對員工的業績，表示適當的意見與鼓勵。

　　業績評價的作法，每個公司各不相同，沒有任何兩家公司所採行的業績評價方法是完全相同的。因此，完全模仿其他公司的作法，就有如東施效顰，是不容易產生良好效果的。業績評價的方法，可以說沒有完美的方法，應設法找出最適合於自己公司的最佳方法。

4 部門成果必須分配

◎計劃是賞罰分明的標準

　　年度經營計劃，是賞罰分明的標準之一。計劃經實行之後，如果已知悉成效優異，但僅安慰一句：「您的部門表現非常好，非常感謝！」這是很不公平的，也是錯誤的做法。

　　尤其部門別年度經營計劃，完全是在評價各部門管理者的經營能力，並作為適當賞罰的基本尺度，更不可輕視。

　　在這種賞罰分明的條件下，賞的方面似乎比較容易，但是罰的方面，往往很有問題。長期以來就浸泡在溫情主義之下，不願意給別人失面子。事實上，在嚴格競爭的公司裏，往往只給管理人員 2～3 年的機會，如果目標達成率一直都很不理想，則經理就會被降職為課長，課長也會被降職。

　　在美國，大學教授是五年任期制。五年間如果不能獲得學生的好評，或五年間成績不佳，就會遭到解聘。一般工商業從業人員，也以五年為契約換約期限，業績不好，就被降薪。在社會背景中，很重視面子，要這麼做起來就非常困難，例如，為了真正執行賞罰分明的原則，可以分配成果給業績良好者。至於部門別目標達成率不佳的員工，可以不發給獎金，或不予調整薪水，更嚴重的予以降薪，若真的這麼做，可能就會發生很大的問題。

◎獎賞的要領與分期方法

獎賞可大致劃分為年度全體獎賞與短期獎賞兩種。年度獎賞大多是利益分配的型態，公司全體都通通有獎。短期獎賞的方法，則著重在刺激士氣的意義。如果從早日分配成果的觀點來看，則最好以三個月當為一期作執行獎賞的期距。

最好依一年四季劃分為四個獎賞期，每三個月一次，依上述重點項目加以檢核，評價其結果，及早將成果加以分配，作為獎賞報酬，這種方式，對一般從業員，尤其是低階層員工，是非常有意義的做法。

至於獎賞的方法，可以在一季（期）截止之時，給營業部門以營業利益達成獎，給管理部門淨利達成獎，給製造部門毛利達成獎等等名義，實施獎賞報酬。在製造部門可另外給予全勤獎，降低不良率獎，在營業部門給予「賬款回收達成獎」、「銷售達成獎」這些都會有很好的效果的。如果有差 1%就可以拿到達成獎的部門，給他們以「努力獎」或戲稱遺憾獎也未嘗不可。

◎獎賞的內容宜善加設計

成果分配的獎賞，除經營者親自頒發獎狀之外，最好還有一些紀念品。例如，給業務部推銷員以金質領帶夾（針）或金質紀念杯等，一般人不會單獨去購買的高價紀念品，來當作獎品。以現金作酬勞仍然是很好的方法。有某公司，將其費用節省額的若干百分比，當作酬勞，每三個月發放一次，頗為有效。

不管那一種方式，這些報酬的內容都必須善加設計。由業績之提

高，目標之達成為主體，給予刺激性的酬勞或利益分配，如此可以即時激起實行者（員工）的努力意願。

但是，這些成果分配的報酬的方法，必須真正獲得員工的承認接受，而且同意依此方式作為標準，否則就是不公平的。

這種標準，確是年度經營計劃運用時的重要基準。

◎利益分配及酬勞

如果公司全體都達成了年度目標，利益目標也已經達成，或者已經將經費節省超出目標以上，從而獲得良好的利益，這些利益都應加以分配。

這些利益成果的分配，必須在年度經營計劃的發表階段，就讓幹部瞭解其利益分配的觀念和做法。

利益分配的第一大項，就是繳付稅金，這算是對社會的分配。例如興建學校，建造橋樑，都需由稅金去充實社會公共資本。在今日的社會，政府及地方公共團體的成立及營運，完全由企業的稅賦以及個人的所得稅，累積而來。也可以說，稅金就是企業對社會的貢獻，如果公司賺了 1 億元，其中 3000 萬元要奉獻作為稅款，是並不過份的。

第二項利益分配，要能貢獻於公司的發展，這也是企業為什麼要提高利益的最大目的所在。貢獻於公司發展的利益分配，主要以內部保留盈餘的形式表示。

內部盈餘，必須是年年增多，公司才有發展成長的實力。換言之，要向員工說明，向工會解釋，取得其承認：「對公司發展所作的分配，也就是使公司安定與成長發展的儲蓄金。

第三項利益分配，是對資本投資的分配，這也就是股利或紅利的

分配。現今社會採鼓勵員工入股分紅製度，如果是沒有利益分配的公司，任何一位從業員都不會對入股制度有興趣，因此更應該採取高紅利政策。

第四項利益分配，就是給予經營者的分配。這種利益分配，對經營者自己而言，往往會被課以重覆的重稅，因此未必就是最有利的方式。

但是，為酬勞經營者的經營能力，也是必須予以利益分配的，最好以年年增加某種程度的方式較為合適。

以上所論，是將利益分配劃分成四大部份：①稅款支出，即社會性分配；②內部保留盈餘，即公司發展性的分配；③資本分配，即股東的紅利；④經營者分配，即支付子經營者的酬勞。

◎達成利益目標後對員工的分配

公司企業除了以上四項分配外，應該再加一項——員工分配，才能期望提高員工的參與意願，而使年度、長期經營計劃的實施達到更大的效果。因此只要達成一定的利益目標，就必須將利益分配給從業員工。一般公司在年底（日本則在夏季和年底）發給員工「年終獎金」，除此之外，應該再定一個決算時間，將達成目標的利益拿出來作為員工的利益分配。

照此觀念來說，一般公司每年應發三次獎金，其中在年底及夏季，以「獎金」、「年賞」的名義發放利益分配，可以說含有「延後支付的薪資」的意思，也含有「調整性的薪水」的意思。這些屬於慣例的酬勞，應該算在人事費的計劃表內。

而真正的利益分配，不必一定在年底（或夏季）發給，而是依照

決算期，來分配其利益。可以稱為「決算期獎金」。

在一個企業內，無論是從業員工，主管幹部，或是領班督導人員，凡是所有在公司內服務的人員，只要能夠降低成本，節約費用，拓展銷售，因此獲得利益，就應該可以得到利益的分配。公司從業人員工作的目的，並不僅是工作而已，而是為了要提高其努力所能獲得的利益！為了多獲得利益的分配而努力工作，必須使員工具有這種意識和切身之感，這是決定公司今後經營能否持續成長、穩定發展的準繩。

因此，公司企業只要能先擬訂一年度的利益計劃，一旦該項利益計劃達成時，應比照達成的程度，真正將利益大幅度分配予員工作為酬勞獎賞。在今後的企業界推行這種制度，是很重要的。

從業員是不喜歡標語的，也最討厭沒有信用。他們必須看到現金真正進入自己口袋，才會有真實的感覺。只要有利益分配制度，他們就會有真實的體認。由此可見，成果分配是絕對必要的。

這種成果分配的結果，會使員工感覺自己不是單純的勞動者，而是知識化的從業員，美國稱為 worker，這就是使經營計劃成功的關鍵所在。

如何節省費用，如何降低成本，如何提高銷售，在資本自由化趨勢愈趨明顯的國際化經營時代，為要達到這種計劃的目的，必須是每一位員工都具有「全員經營」的觀念，把「受薪者」的想法完全打破，以經營者的感覺去從事自己的工作。

因此，公司企業必須確立其利益分配制度，使從業員均能樂意參加經營，這比施恩式的「入股」制度要高明得多了。

無論如何，如果能把員工入股分紅製度與利益分配制度兩者配合一起，更能激發從業員參與經營計劃的意識。

如以上所述，先計劃公司一年間的應有成果，明確設定目標，全

體員工依之作為努力方向。其所獲成果，以二個月左右為期距決算其達成程度，給員工以酬勞獎賞，到了一年期間截止完成，核算一年間利益目標達成率，以獎金方式將利益分配出來。如此經過兩三年的反覆修正，就可以達成三年或五年的長期經營計劃。

有些公司還設定有十年或二十年的未來長程計劃。有些人以為這是純粹的未來學，或者是夢想。但是如果有良好的年度經營計劃，未嘗不能達成這種目標。

當然，在強調年度經營計劃，如果一個企業能夠完全配合強力去執行，則必然可以完成推行三年或五年長期計劃的體制，為更遠大的前程奠定良好的基礎。

5 針對下期年度計劃進行討論

部門年度計劃是以實施計劃的形態，加以具體化實行的。而在每個年，或是長期計劃的時期來臨的階段，就必須好好檢討實行後所得的結果。若是可能，最好在每個年檢討其達成度和問題點，在各項個別的實施計劃階段中，好好檢討為何無法達成的理由，徹底掌握住真正的原因所在。

若是一進行這種反省，下期的年度計劃也可能會得到相同的結果。所以為了順利訂立下期的計劃，就必須事先徹底的評估、分析、檢討這回的計劃內容。

為了能夠達成目標，必須盡可能付出努力來實行基本計劃，但絕對不是完全不動、不可變更的。在實行階段中，若發現年計劃有所不

盡合理之處，不妨將達成年延長 1～2 年。

而在達成個別計劃方面有困難時，例如已完成人員計劃，然而卻無法招募適用的人員時等，就必須修正一部份的基本計劃。當個別計劃的一個部門發生致命的問題時，不僅需要解決部門內的問題，最重要的是和整體的關聯，特別是和基本計劃的關係，不能有所矛盾產生，否則整個經營計劃就成了毫無意義的舉動了。

經營，是以計劃→實行→反省的程序來施行的，不過若將此置換為反省→計劃→實行，也具有相同意義。也就是說，反省若非與計劃密切聯繫，就無法成為永續經營的事業。因此，與其以這個經營管理的三要素作為程序，不如以這三個要素的循環來表示比較實在。

基本計劃是以實施計劃的形態，加以具體化實行的。而在每個年，或是長期計劃時期來臨的階段，就必須好好檢討實行後所得的結果。若是可能，最好在每個年檢討其達成度和問題點，在各項個別的實施計劃階段中，好好檢討為何無法達成的理由，徹底掌握住真正的原因所在。

若是一進行這種反省，下期的計劃也可能會得到相同的結果。所以為了順利訂立下期的計劃，就必須事先徹底的評估、分析、檢討這回的計劃內容。

為了能夠達成目標，必須盡可能付出努力來實行基本計劃，但絕對不是完全不動、不可變更的。在實行階段中，若發現年計劃有不盡合理之處，不妨將達成年延長 1～2 年。

而在達成個別計劃方面有困難時，例如已完成人員計劃，然而卻無法招募適用的人員時等等，就必須修正一部份基本計劃。當個別計劃的一個部門發生致命的問題時，不僅需要解決部門內的問題，最重要的是，和整體的關連，特別是和基本計劃的關係，不能有矛盾產生，

否則整個經營計劃就成了毫無意義的舉動了。

　　經營，是以「計劃→實行→反省」的流程來施行的，不過若置換為「反省→計劃→實行」，也具有相同意義。即反省若不與計劃密切聯繫，就無法成為永續經營的事業。因此，與其以這個經營管理的三要素作為流程，不如以其循環來表示比較實在。

心得欄

第 六 章

各部門年度計劃的企業範例

※各部門年度計劃的管理作法（範例一）

第一章　原則

一、經營方式指以活動事項為單位進行規劃的各種行動方案，這是資源投入與預算的根據，事業主持人應特別注意各級主管加強規劃能力。

二、經營方案的制定應以建立「方案體系」為起點，配合事業的經營目標及經營策略的整體結構。方案體系包括下列四大層次的因素：

（一）「方案目標」，用以表示公司希望實現的整體目標，公司若有數個整體目標則應有數個方案組。

（二）「方案組」，用以表示為完成公司某一個或數個單項目標的手段，一個方案組有數個方案。

（三）「方案」，用以表示具體經營活動項目，用以表示直接完成公司某一個或數個具體目標的手段。

（四）「次級方案」，用以表示某一經營活動項目內細目，可使方案中的活動項目區分為若干單純的次項目。一個方案可有數個次級方案。

三、方案體系的內容，每年應由事業主持人，定期依據既定的目標體系及策略內容進行設定，事業若未備有企業目標體系及策略時，應在設定方案體系時同時予以制定。事業的經營方案體系可用表格方式或敘述方式表示，但必須指明方案目標、方案組、方案及次級方案的關係。

四、事業主持人在制定方案體系後，應將其內容項目分派給有關層次的主管或責任中心負責人，並指示規劃職責範圍內的工作內容。工作內容的詳細程度，依完成期間的長短而異，凡期間較短者應較詳細。

五、各責任單位在規劃行動方案內容時，應鼓勵所屬人員共同參與提供意見及提供資料。若有必要時，可請求企劃單位的專業人員協助。

六、各責任單位在規劃行動方案內容時，使用理性的決策過程及適用的決策工具，以提高方案規劃的品質。

七、各責任單位在規劃行動方案時，可依其例常性質與專案性質，分別提出工作目標、進行步驟、所需資源要求、時間分配、經費預算、以及經濟效益評估等相關內容。

各責任單位在緊急需要時或接受上級的緊急指示時，可提出應急工作方案，其方案內容與例常及專案方案相同。

八、各責任單位的上級單位，在同意所屬單位工作方案後，彙編其本身的工作方案，連同所屬單位各工作方案，提呈更上級單位同意，層層彙編直至彙編成事業的整套經營方案為止。

九、核准後的各工作方案，應指定編號，作為將來編制各種計劃、預算、資源需求、資源使用、工作檢討等管理活動的依據。

十、各責任單位重大資源投入的方案，除應注意合理的決策過程外，尚應注意進行「可行性研究」、「成本效益分析」、「備選方案評估」及「敏感性研究」等工作。

凡資源投入超過某一定數額的專案性方案，所需進行的分析研究工作，由各事業單位作出規定。

十一、可行性研究須包括下列項目：

行銷可行性分析、技術可行性分析、製造可行性分析、利潤可行性分析、財務可行性分析、風險因素之評估。

十二、成本效益分析須包括下列項目：

(一)各類有關的支出項目(包括有形及無形成本)。

(二)各類有關的收入項目(包括有形及無形利益)。

(三)預估的損益數額。

十三、各責任單位的工作方案規劃，應制成簡明書面文件，作為審核、討論、修正、授權、協調及控制等內部管理工作的依據。

第二章　備選方案及文件

一、各責任單位主管在接受「方案體系」的指令後，以及在規劃份內的工作方案，應與所屬成員討論，依規定流程將規劃結果文件報送上級單位。

二、事業部主持人應將各責任單位報送的規劃文件，指示企劃單位依原定方案體系內容加以整理，若有疑問之處，應通知原擬單位及其主管加以說明。

三、事業部主持人對資源投入需求特大的方案，應要求提出書面可行性研究、成本效益分析、備選方案及風險性研究報告。

四、事業部主持人在提出長期、中期、年計劃及投資計劃之前或同時，應將各重大方案的「摘要報告」及風險性研究，提請董事會通過，並審核備案。

第三章　行銷方案的規劃

一、事業部主持人應設法將「行銷導向」的觀念灌輸給所有員工，以提高行銷機能在事業經營上的作用。

二、事業部主持人應擔當起公司最高行銷人員的角色，積極參與公司業務的開拓事宜。

三、事業部現有產品及新投資（或新擴充）計劃中產品的銷售事宜，皆應備週全的行銷方案，作為其他機能部門擬訂工作方案的配套基礎。

四、行銷方案的擬訂，必須有行銷研究為前提，並以事業的既定目標與策略為根據。

五、負責規劃行銷方案的責任人員，應事先設定規劃工作的步驟及時間表，以便及時提出必要的資料，並指引其他機能方案的制訂。

六、行銷方案的內容可依需要情況，選取下列適用者：

（一）資料基礎及分析

1. 經濟背景指標（過去 4 年以上及未來 6～12 年以上）。

2. 市場資料分析（過去 4 年以上，目前及未來 6～12 年），包括：

・每一主要產品的總市場容量及潛力。

・市場特性（含顧客行為）。

・本事業的市場佔有率、銷售潛力及期望銷售量。

・目前產品的一般行銷條件（含品質水準、定價、推廣及配銷管道等）。

3. 競爭資料與分析（過去、目前及未來），包括：

· 市場佔有率的比較(過去與目前)。

· 產品接受水準的比較(過去與目前)。

· 行銷條件的比較(含過去與目前的定價、推廣、配銷管道等)。

· 未來可能的變化。

4.行銷成功關鍵因素的未來變化分析(每一主要產品市場)。

5.事業所面臨行銷問題與機會的分析及各部門可用資源的衡量。

6.摘要及綜合結論。

(二)行銷目標(長期、中期、年、季、月)。

1.總銷售量及利潤。

2.各產品及地區的銷售量、利潤及市場佔有率。

(三)行銷策略(長期、中期、年)。

1.產品發展方面。

2.配銷技術方面。

3.價格方面。

4.推廣方面。

5.其他有關方面。

(四)中長期行動方案關係說明。

1.概略的長期方案關係說明(列表或敘述)。

2.簡明的中期方案關係說明(列表或敘述)。

(五)年行動方案。

1.行銷部門本身應採取的特定行動與步驟,及人、時、地、物的需求。

2.配合其他部門應採取的特定行動與步驟,及人、時、地、物的需求。

(六)行銷方案的經濟評估。

七、若已進行經營環境系統的分析與預測及市場供需與投入產出系統的分析時，應儘量將所得資料應用在行銷方案的規劃中，若未進行該等分析時，則應在規劃行銷方案時一併進行。

八、為提高行銷方案的品質，事業主持人應指示人力發展部門策劃各種課程，加強有關行銷人員下列各種知識：

一般知識（經濟學、管理學、心理學、心態學、地理學、社會學、數量方法、一般工程學等）。

行銷知識（產品發展、品牌、包裝、廣告、人員推銷、推廣、展覽、佈置、實體分配、配銷管道、顧客服務、行銷研究、顧客心理、行銷組織、地點選擇知識等）。

第四章　生產方案的規劃

一、生產方案的規劃以行銷方案為主要依據。若沒有行銷方案時，在生產方案規劃主體部份之前，講明行銷目標及策略，以合乎經營環境條件。

二、各責任中心負責人在規劃生產行動方案時，應事先盤查目前各種可資運用的生產資源數量及其品質。

三、負責規劃生產方案的責任人員，應事前設定規劃工作的步驟及時間表，以利及時提出必要的資料，並作為其他有關機能方案規劃的基礎。

四、生產方案的內容可依需要情況，選取下列適用者：

(一)銷售目標及銷售策略(引自相關的行銷方案)。

(二)生產目標及生產期間。

(三)所需的各種投入資源(人力、原料、動力等)。

(四)所需的各種生產設備。

(五)所需的下列各種控制系統：

　　生產計劃與控制系統、品質控制系統、採購與存貨控制系統、成本控制系統、保養維護系統、安全衛生維護系統、污染防止系統、其他控制系統。

　　(六)應增添的設備、人力、技術及控制系統與組合順序。

　　(七)長期、中期、年行動方案的劃分。

　　(八)生產方案經濟評估。

第五章　新產品與研究發展方案規劃

　　一、在經營目標、策略、行銷及生產方案中，若有引進或推出新產品的需要，事業主持人應指派特定單位或責任中心，規劃「新產品方案」。

　　二、在市場供需投入產出分析、行銷方案檢討或生產方案規劃中，有改良現有產品、現有工作方法或作業流程、現有管理制度及現有技術，或有新產品、新用途、新技術、新制度等需要時，負責研究發展的部門應設定「研究發展方案」。

　　三、若有相互配合的必要時，研究發展方案可與新產品方案合併。「多角化方案」亦可視為「新產品方案」。

　　四、主要新產品及研究發展方案，對事業的影響甚為久遠，事業主持人應積極參與其事。

　　五、各事業應建立健全新產品發展系統，就下列步驟中的適用部份作出規定。

　　· 市場需求及新產品效用的確認。

　　· 新產品理念的發掘。

　　· 新產品理念的初步評選。

　　· 可行性分析及評估。

　　· 實體新產品的開發。

・新產品的市場及行銷實驗。

・正式上市。

六、每一新產品經初選合格後，應正式編制新產品發展計劃書，包括目的、步驟、時間、人力、設備、經費、期望成果、經濟評估等有關事項。

七、各事業每年應推出相當數額(如營業收入的某一百分比)的經費，從事「基本研究」，即「應用研究」、「產品發展」及「產品應用」的探討工作。

八、研究發展部門的研究發展項目，除屬必須保密者外，可事先徵求行銷、生產、財務及企劃等部門的意見，以利評選。評選合格後，送事業主持人核定。

九、每一研究發展項目，應制定研究發展方案，包括目的、步驟、時間、人力、設備、經費、預期效果、經濟評估等有關事項。

十、研究發展方案可邀請或委託外界顧問及研究機構協助制訂，亦可邀請或委託外界顧問及研究機構人員參與執行。

十一、研究發展方案的事先評選及事後評核，按下列判斷標準進行。

⑴與銷售收入有關的標準：

增加銷售量、增加生產量、增加市場佔有率、提高顧客接受力、新產品刺激舊產品的銷售力、創造或吸引新顧客等。

⑵與原料、人工等成本有關的標準：

減少權利金的支付、提高副產品、廢品、低效設備的使用程度、減少產品種類、有利於品質管制、降低不良品率等。

⑶與利潤有關的標準：

利潤差異比較、損益比較分析、回收成本的時間、投資報酬率等。

⑷與時間及成本有關的標準：

時間及成本估計、實際與預算費用的比較、實際與預算時間進度的比較、預算支出與進度比例等。

⑸與顧客滿意有關的標準：

顧客投訴的次數與性質、產品種類的增多等。

⑹與技術及情報有關的標準：

解決問題個數與種類、專利個數與價值、產生新效用及新理念、技術及新原料的認識、訓練人才、新規格的發展、新銷售情報的發現。

第六章　人力及其他方案的規劃

一、人力方案的規劃，應以各種方案中所需要的人力品質為主要依據，向其他部門提供有關人力方面的服務。

二、人事部門應定期清查現有人力的條件及其士氣，供事業主持人參考並提高規劃工作的品質。

三、人事部門就下列人事工作，選取適用項目進行規劃，包括內容、步驟、時間、人力及經費：

‧ 招聘、選用及分派。

‧ 企業內外的意見溝通系統。

‧ 工資水準及管理。

‧ 從業人員福利。

‧ 國內外訓練與進修。

‧ 其他服務。

四、人力發展的適用性，是完成企業目標的關鍵，每年應撥出適當經費，促進管理才能及技術才能的發展。

五、其他須使用相當資源的工作，均應制定行動方案，以利控制及管理，如經營多國化、組織改組、公共關係改善，及財務會計、採

購、儲運、企劃等部門的專案性行動方案。

六、其他行動方案內容，可參照下列項目進行規劃：

· 確定行動的目的。

· 分析內外有關因素、條件及機會與問題。

· 確定將採取的策略或途徑。

· 確定步驟及時間。

· 確定所需的人力、物力及財力。

· 預算成果。

· 經濟評估。

第七章　財務方案的規劃

一、行銷方案、生產方案、新產品方案、研究發展方案、人力及其他方案中所需的財務收支及時間，為財務方案規劃的主要依據。

二、投資計劃及下列需用重大資源投入的有關方案，均需含有財務規劃部份，以確保資源運用方向正確。

· 降低成本方案。

· 增加產量的擴充方案。

· 新模型或新規格產品的發展方案。

· 品質改進方案。

· 銷售及配銷方案。

· 部份設備更新方案。

· 研究發展方案。

· 管理制度設立方案。

· 其他有關方案。

三、財會部門與企劃部門，應協助其他責任單位，草擬重大資源投入方案，並提供適當的財務標準，以利各責任單位及其上級單位的

評審。

　　四、財會及企劃部門，須選擇下列適用的評估技術進行評估：

　　· 現值報酬率法。

　　· 投資回收期法。

　　· 投資報酬率法。

　　· 風險分析模擬法。

　　· 其他適當方法。

　　五、重大資源投入方案的審查，應注意下列要點：

　　· 與事業經營目標及策略一致。

　　· 評估技術應視投入方案性質而異。

　　· 評估基準及優先順序的排列。

　　· 資金成本的高低。

　　· 收入與成本的計算準確性（即經濟可行性）。

　　· 資金來源的可靠性（即財務可行性）

　　· 其他相關基準。

　　六、財會部門須就下列一般財務工作，選取適用項目進行規劃，並包括內容、步驟、時間、人力及經費。

　　· 普通會計及成本會計。

　　· 內部審核及外部查賬。

　　· 預算。

　　· 投資及重大資源投入方案的協助。

　　· 現金管理、信用、收款、申賠及理賠。

　　· 金融界關係。

　　· 股息發放及盈餘交庫。

　　· 保險及退休金管理。

・工資支付。

・財產管理。

・稅捐及法律。

・其他適當事項。

※公司的年度經營計劃（範例二）

第一條　為公司事業穩定發展中發揮應有作用而制訂。

第二條　經營計劃由下列計劃構成：

一、基本經營計劃；

二、長期計劃；

三、短期計劃。

第三條　基本經營計劃可區分為長期方針和短期方針，為各部的制訂經營計劃的綱要。

一、經營方針由董事會決定。

二、決定經營方針所需資料，由企劃室主任督促各部長提供。

三、決定基本經營方針，須以下列要素為基本內容：

1. 利潤計劃，包括總資本利潤率、銷售利潤率、資本週轉率；

2. 銷售目標；

3. 生產成本目標、設備目標；

4. 資本目標；

5. 新產品開發目標。

第四條　長期計劃須在以部門首長為中心，落實到部門計劃中去。

第五條　短期計劃是長期計劃的具體實施計劃。因此，在決定長期計劃的同時，由各部門業務組織者同時制訂。

第六條　長期計劃及短期計劃的計劃期及制訂時間如下：

一、長期計劃的制訂從當年的 1 月 1 日開始，期限為 3 年。計劃制訂時間為制訂當年的 2 月末為止。

二、各部門的短期計劃的計劃期為 1 年，從當年 1 月 1 日起到 12 月底止。計劃的制訂時間為每年 1 月末止。

第七條　經營計劃所涉及的項目、負責人以及計劃提出者，如下所示：

一、基本經營方針——由董事會提出並決定。

提出資料和建議的部份為銷售部門，生產部門，管理部門，研究部門，人事部門。

二、長期計劃（參閱表 6-2-1）

表 6-2-1　長期計劃表

年度計劃名稱	制訂者	提供資料、提出建議者
銷售計劃	營業部長	
生產計劃	製造部長	
設備計劃	製造部長	
人事計劃	總務部長	
研究計劃	研究部長	財務部長經與企劃室主任一起研究後提出建議
資本計劃	財務部長	
資金計劃	財務部長	
事業收支計劃	財務部長	
財務計劃	財務部長	

三、短期計劃

　　短期計劃的項目與長期計劃相同，但要根據部門的組織情況加以細化，使長期計劃的內容成為短期計劃的具體指標，短期計劃是落實完成長期計劃的工具。

　　第八條　長期計劃按以下順序制訂：

　　一、根據各部門提出的長期計劃，財務部長制訂由自己負責的各種計劃（在有部門間調整或綜合性調整事項時，要附上財務部長提出的方案），然後一起交企劃室主任。

　　二、企劃室主任以所有部門的計劃及財務部長的調整方案為議題，召集企劃委員會會議，進行最終的調整，然後把此結果向董事會提出。

　　二、董事會在認為有必要聽取有關部長及企劃室主任意見時，可以聽取他們的意見，然後對長期計劃進行審議並最終決定，通過企劃室主任向各部部長下達。

　　第九條　短期計劃的制訂按以下流程進行：

　　一、短期計劃由部門的業務組織提出草案，部長進行調整，然後向財務部長報送。

　　二、財務部長根據各部門的短期計劃，制訂由自己負責的計劃，並把所有計劃一起交給企劃室主任。

　　三、企劃室主任把收集的所有各部門的計劃及財務部長的調整方案作為議題，召集企劃委員會會議，進行最終的調整，最後把這一結果遞交給董事會。

　　四、董事會認為有必要聽取各部門部長及企劃室主任的意見時，可以讓他們出席會議，聽取他們的意見，然後審議短期計劃並決定下來，通過企劃室主任向各部長下達。

第十條　長期計劃的有效時間比較長，因此，在計劃期內，要根據經濟環境多化的情況和企業條件的變化，在 1 年以後，定期進行檢查，並作出必要的變更。

第十一條　各部門的年度計劃將成為該年業務執行預算的基礎，因此，各部門每月都要把實績與計劃進行比較，進行預算和實行情況的自行調整。

※經營預算的編制計劃（範例三）

第一章　概論

一、目的。

為明確經營及業務部門的職責，使其能正確制訂和實施計劃及預算，建立嚴格的經營管理制度，提高經營效率而制訂。

二、經營計劃預算的管理辦法。

經營計劃預算的管理方法如下：

1. 預算及計劃必須根據既定的經營方針、業務方針、公司利潤計劃大綱而制訂。在制訂過程中，要考慮實現的可能性。

2. 各部門計劃、綜合計劃及預算，要和經營業務方針相適應。

3. 為了調整各部門計劃及預算，調整部門計劃、預算與公司計劃、預算的關係，要召開預算會議、審議經營計劃及預算方案。

4. 把經營部門計劃、預算和實施情況及實績進行比較，在實施計劃及預算的過程中進一步做好調整。

三、經營計劃的預算會議。

經營計劃及預算會議（以下簡稱預算會議）在總經理的領導下，由

合理化委員會組織召開。

　　本會議在總經理認為有必要性時召開，主要審議年、月的經營計劃與業務計劃，研究實施的主要措施，檢查實施後的結果。

　　四、經營計劃的預算會議內容：

1.審查公司及部門計劃、預算方案；

2.對長期計劃與預算方案作出決定；

3.對年、月的實績進行檢查、分析、評價；

4.對第 3 項內容進行論證與決策；

5.決定季計劃與預算的修正方針；

6.最後修正季計劃與預算；

7.審查每一月的具體實行計劃方案；

8.最後制訂每一月具體的實行計劃方案。

　　五、綜合管理。

經營計劃與預算的綜合管理，由預算事務局負責，其業務內容如下：

1.制訂全公司利潤計劃方案並附上有關資料；

2.綜合各部門的計劃與預算的初步方案，編成冊子並附上意見書；

3.召集預算會議；

4.公司及部門計劃與預算的實施管理；

5.受理檢查各部門計劃與預算及實施報告書；

6.制訂公司、部門計劃的預算和實施實績差異分析報告書。

　　六、事務局的權限。

為實行前述工作，有以下權限：

1.可以要求各經營部門對其計劃預算的實行情況，作出彙報和說

明，可以對這些單位作出指示，進行勸告。

2. 在認為有必要的時候，可以翻閱各部門的有關文件，並進行調查。

七、部門管理。

各部門計劃與預算，由該部門負責人進行管理；與其他部門有關的計劃與預算，由責任部門制定並負責實施。

八、經營計劃預算的期限。

年計劃的期間為當年 1 月 1 日到 12 月底。在一年內又可分為月計劃(每月 1 日到月底止)、季計劃(從該季第 1 天起到最後 1 天止)和半年計劃(上半年從 1 月 1 日起到 6 月 30 日止，下半年從 7 月 1 日起到 12 月 31 日止)。

第二章　計劃與預算的內容

一、全公司計劃與預算：

1. 經營方針；公司銷售預算；公司減價預算；公司返修品預算；公司製造預算；公司回收預算；公司原材料費預算；公司人工費預算；公司經費預算；公司利潤預算；公司設備預算；公司資金預算；公司人員計劃；公司實施計劃。

2. 本計劃與預算由事務局匯總務部門計劃與預算並加上資金計劃與預算和購買計劃與預算，向預算會議提出，經會議審議後最終決定，而後經過幹部會議傳達下去。

二、部門計劃與預算：

1. 總務部門的計劃與預算(幹部、總務、財務、供應、企劃、控制、產品管理等部門)：

(1)人工費預算；

(2)經費預算；

(3)設備預算；

(4)人員計劃；

(5)實施計劃。

2.製造部門計劃與預算（製造部門）：

(1)制定銷售預算；

(2)原材料預算；

(3)人工費計算；

(4)製造經費預算；

(5)利潤預算；

(6)設備預算；

(7)人員計劃；

(8)實施計劃。

3.直接經營部門計劃與預算（各店、門市部）：

(1)銷售額預算；

(2)減價預算；

(3)返修品預算；

(4)回收款預算；

(5)採購預算；

(6)原材料預算；

(7)人工費預算；

(8)經費預算；

(9)利潤預算；

(10)設備預算；

(11)人員計劃；

(12)實施計劃。

4. 外貿部門計劃與預算：

(1) 銷售額預算；

(2) 減價預算；

(3) 返修品預算；

(4) 回收款預算；

(5) 採購預算；

(6) 原材料預算；

(7) 人工費預算；

(8) 經費預算；

(9) 利潤預算；

(10) 人員計劃；

(11) 實施計劃。

5. 分公司(××分公司，××分公司)：

部門計劃與預算由各部門負責人、主辦者、協辦者制訂草案，向事務局提出，並經其審議決定，通過幹部會議傳達下去。

(1) 銷售額預算；

(2) 減價預算；

(3) 返修品預算；

(4) 採購預算；

(5) 回收貨款預算；

(6) 原材料預算；

(7) 人工費預算；

(8) 經費預算；

(9) 利潤預算；

(10) 設備預算；

(11) 人員計劃；

(12) 實施預算。

第三章　計劃預算的編制責任及手續

一、經營計劃與預算的編制責任。

表 6-3-1　計劃編制責任表

項目		責任承擔者			提出日期	提出者	決定日期	下指令日	接受指令日
		總負責	主辦	協辦					
年經營及部門計劃預算	公司利潤計劃預算方案				10/6	幹部會	13/6	——	——
	經營及任務方針大綱				20/6	幹部會	25/6	——	各部門
	總務部業務計劃、預算草案				10/7	事務局	——	——	——
	建造部門				10/7	事務局	——	——	——
	直接經營部門				10/7	事務局	——	——	——
	外貿部門				10/7	事務局	——	——	——
	各公司業務計劃、預算方案(包括全部明細計劃)				10/7	事務局	——	——	——
	公司及部門計劃及預算方案				10/7	經營計劃預算會議	5/8	——	——
	8 項最終方案				10/8	幹部會議			各部門
季經營及部門計劃預算	(在上次預算實績分析基礎上)全公司及部門計劃、預算的修正方針				——	——	期初前一個月	5 日	各部門
	總務部門修正後計劃、預算草案				10/5	事務局	——	——	——

續表

項目		責任承擔者			提出日期	提出者	決定日期	下指令日	接受指令日
		總負責	主辦	協辦					
季經營及部門計劃預算	製造部門修正的計劃、預算草案(同4)				10/5	事務局	——	——	——
	經營部門修正的計劃、預算草案(同5)				10/5	事務局	——	——	——
	外貿部門修正的計劃、預算草案(同6)				10/5	事務局	——	——	——
	分公司修正的計劃、預算草案(同7)				10/5	事務局	——	——	——
	全公司及部門修正的企劃及預算草案(總結與補充)(包含本期和1個月的實行明細計劃)		與8相同	與8相同	15/5	經營計劃預算會議	——	——	——
	與16相同的最終方案		與9相同	與9相同	20/5	幹部會議	25/5	27/5	各部門
月經營及部門計劃預算	(在上月預算、實績的分析基礎上)修正本月部門計劃				每月月末	總經理事務局	——		
	當月全公司預算計劃的再確認及對上月的追蹤管理				第二月的第一個星期一	預算會議	第一個星期一	——	——

二、業務處理手續。

經營部門計劃及預算的制訂、實施、管理等業務處理手續另行規定。

第四章　年度計劃與預算的實施管理

一、已下達的計劃與預算的實施。

各部門的負責人,有責任對其所轄部門的業務計劃與預算的實施進行管理。

二、實績報告。

各部門的負責人,每月必須按規定的樣式起草關於部門的實施活動及差異分析、原因、對策處理的報告書,然後向總經理及事務局報送。

三、比較及差異的說明。

事務局在每月末收到各部門的實績報告後,馬上以這些實績資料為基礎,進行經營部門計劃預算和實績的比較,召開預算會議,明確差異發生的原因、責任所在;並確認該部門第 2 個月的部門計劃與預算。

四、季計劃與預算的修正。

在預算會議上,和前期經營計劃實施情況的分析及對當前經營環境條件變化的分析一起,還要就下一季如何實施計劃及預算的問題進行討論,如有必要,還要修正既有的計劃和預算。修正的計劃與預算方案在預算會議上審議決定後,通過幹部會議傳達下去。

五、月經營計劃與預算的編制。

月經營部門計劃與預算原則上不修正,只在總經理要求對基本和重要的實行計劃進行修正時,才作修正。

六、預算外支出。

預算外支出原則上不予承認，但若有特殊事獲得總經理批准者除外。這種情況，往往須經預算會議討論通過。

七、預備費的使用。

當出現自然災害等事件時，需要支付一些特別的費用，這些費用列入預備費用的使用範圍。預備費要有報告手續，經總經理批准才能動用。

八、預算費用的非預算內使用。

在一些特殊情況下，預算內的費用可能用於預算外的項目。這種情況必須履行報告手續並經總經理批准。

九、預算的實施。

預算一般不允許突破。在因特殊情況而突破時，必須獲得總經理決定。

※各部門年度經營計劃（範例四）

第一章　一般準則

一、年計劃應依據中期計劃的進度進行編制。

二、年計劃的編制應注意下列事項：

(一)上年計劃執行的分析及次年的預計。

(二)國內外市場競爭情況對本企業的影響。

(三)當前國內外經濟、金融、貿易情勢等對本企業的影響。

(四)資源籌措與分配對計劃的影響。

(五)各部門發展的均衡性。

三、年計劃由各部門編制後，經事業部主持人核定，並由會計部門彙編年營業預算，提會議通過，於規定時間報送上級審定。

第二章　各部門年計劃的制訂

一、年計劃的編制流程為：

（一）企劃部門依據中期計劃，前年與上年經營實況，本年計劃的各種可能情況，擬編本年計劃背景說明。

（二）事業部主持人核閱計劃說明，並指示企劃部門擬定本年業務方針，並召集有關主管研討協商後進行核定。

（三）企劃部門根據業務方針及事業主持人的指示，制定年計劃編制準則，通知各有關部門或責任中心。

（四）各有關部門或責任中心，據此擬定各分項計劃送企劃部門。

（五）企劃部門適時與各有關部門協調聯繫，綜合、匯總、評估各分項計劃，並視需要開會商討，編成本年計劃，經事業主持人核定後，送會計部門編制預算。

二、年計劃內容應包括：銷售計劃、生產計劃、研究發展計劃、固定資產投資計劃、材料供應計劃、人力計劃及財力計劃等。

（一）銷售計劃

銷售部門根據市場預測、供需調查、價格及客戶反應等資料，對主要產品及本年可能開發的新產品，擬定銷售計劃。

（二）生產計劃

生產部門配合銷售計劃，考慮本年生產設備的狀況及可能運用資源、生產數量、成本分析、生產管制等，擬訂本年生產計劃。

（三）研究發展計劃

各部門依據業務需要，本著繼續創新，引進新技術與新方法，開拓新產品、新業務與新市場等要求，確定所需人力、物力、財力與時

間,擬定本年研究發展計劃。

(四)固定資產投資計劃

依照有關規定編制固定資產投資計劃(預算)匯總表,其中新建計劃及連續計劃,均依計劃分別列出,若有固定資產投資專案計劃或有可行性研究報告者,應一併予以檢討;非計劃型固定資產投資,則按「土地」、「房屋建築」、「機械設備」、「交通運輸設備」、「其他設備」等五大類分別列出。

(五)材料供應計劃

材料管理部門根據生產及固定資產投資計劃、本年所需材料,就存料基準、採購地區、材料品名、規範、數量及所需資金等,擬定本年材料供應計劃。

(六)人力計劃

人事管理部門,根據各部門人力需求,考慮現有人員素質、離退、增補、訓練及用人費等,擬定本年人力計劃。

(七)財務計劃

財務及會計部門依據上列各項計劃,籌措有利財源,合理分配,擬訂本年財務計劃。

第三章　審核要則

一、年計劃由各事業董(監)事會初審,經營事業委員會復審。經營事業委員會對年計劃經綜合、分析、評估後,擬定審核意見,提請董事會審議。

二、董事會對各事業年訂年計劃,按下列各點加以審核:

(一)是否與本部事業計劃及方針政策相符合。

(二)銷售計劃是否與國內外市場預測相一致,市場預測是否過於樂觀或過於保守,是否與生產及成品庫存相一致,能否提高邊際生產

效益,應否增加銷售量。

(三)生產計劃是否與銷售計劃相一致,生產成本增減是否合理,能否進一步降低,對以往年滯銷產品有無採取適當對策。

(四)固定資產投資計劃的審核,依照審核規定辦理。

(五)材料供應計劃是否能掌握重要的原材料,有無抑制閒置原材料的具體措施,材料週轉率能否提高。

(六)人力計劃是否與年計劃配合,增加人員是否由於增加業務量或增加生產的緣故,有無精減冗員或訓練人員的具體措施,培訓計劃是否為業務所必需。

(七)研究發展計劃是否符合事業的需要,所需經費是否過低或過高。

(八)投資計劃有無可行性研究及經濟效益評估,有無呈報與核定。

(九)財務計劃是否與上列各項計劃的需要相協調,所需資金是否均有適當來源,增加資本、保留盈餘、提存特別公債等措施是否妥善,國內金融機構貸款及發行公司債券或股票上市是否可行,數額是否適宜,國外金融機構貸款或廠商分期付款等條件是否合理,資金成本是否低廉。

※公司年度的方針與目標（範例五）

一、年度的方針與目標

1. 利益之提高

利益之提高為要突破經濟危機，防衛自己的生活，安定自己的社會，請以利益第一的觀念從事行動吧。請銘記，無利益的行動，對於破壞自己的生活，有極其密切的關係。

2. 創造獨特的製品

請重視創造能力，提高技術，俾使岡崎製品隨時隨地都能受人歡迎。為創造獨特的製品，讓我們把無限的創造能力結合起來吧。

3. 預算控制、成本管理

以徹底實施庫存管理、追求合算性，並運用預算控制、成本、品種整理等，積極的推行均衡發展的企業。幾是無益的行動，無益的事務，無益的庫存、無益的品種等，須一概予以揚棄。

4. 計劃、實行、檢討

計劃須付諸實行，實行之後，須就其結果進行檢討。檢討所得之結果，須於次一行動中付諸實施。我們要如此的不斷地檢討自己。一有發現就須立即應用。不能以留待明天做為藉口而怠慢。

5. 加強教育訓練

我們要從訓練教育中鍛鍊自己的品性，切記實現目標，達成預定的計劃。又，下年度起，全體員工須以愉快的心情繼續工作，以最少的人力完成最多的工作量，創造豐富的生活。

二、2017 年度的基本目標

1. 提高生活的目標

⑴提高達成目標 100%時的加薪，是以加 15%以上為標準，這個規定因實際工作情形而有 5～30%的伸縮性。

⑵達成目標 100%時的獎金，是以月入之 80%之 4 個月份為年間標準，這個規定因實際工作情形而有 2～7 個月的伸縮性。

⑶達成目標 100%以上時，須特別給予巨額的利益分配。

2. 基本利益目標與銷售目標

⑴純利益目標　　　　　　　　　　　　25457 千元

　　總銷售目標對比　　　　　　　　　　　　%

　　銷售毛利　　　　　　　　　　　　　　　%

　　銷售費及管理費計　　　　　　　　　　　%

　　營業利益　　　　　　　　　　　　　　　%

　　營業外收入　　　　　　　　　　　　　　%

⑵銷售目標　　　　　　　　　　　368950 千元

⑶總資本週轉率，以每年二次以上為目標。

3. 純利益 25457 千元之目標

⑴為要提高員工的生活水準與發展公司的前途，員工每人每月必須達成 32 萬元以上的銷售額，年間則必須達成 265 千元以上的純利益。公司員工每月平均定為 95 名，要徹底實施人數少而成果多的經營。

⑵薪資視工作性質而定，為勉勵工作熱情，將提高推銷員的比例薪與一般的比例薪。

表 6-5-1 總資本週轉率

項目 品種		生產數量	銷貨數量(噸)	銷貨金額
十 十	A	噸	(對上年度比約增 2%)	千元
	B	"	"	"
	C	"	"	"
	小計	"	"	"
○ ○		"	"	"
△△△		"	"	"
自家製品計				
其他公司商品				
合 計				" (對上年度比約增 25%)

4.利益分配目標

⑴凡達成純利益目標 25457 千元時，利益處分方法如次：

處分項目	金 額	備 註
特別決算獎金(分配給員工)	千元	
課稅對象利益	千元	
稅捐(分配給社會)	千元	
稅後利益	千元	
股利(分配給股東)	千元	
清償借款	千元	
轉結下期職員獎金	千元	

⑶實施商品別部門合算制，每隔三個月即嚴密檢查一次。以預算控制為武器，每月加強確保利益。

未達成 20000 千元利益時，取消特別決算獎金。

⑵依照所達成之純利益額，採用下記的特別分配法。

達成利益額	⑴之特別獎金	
20000～22000 千元	定為	800 千元
22000～23000 千元	"	1000 千元
23000～25457 千元	"	1300 千元
25457～30000 千元	"	2000 千元
30000 千元以上	"	3000 千元以上

⑶在年度目標中，銷貨與回收均達成 100%的營業部員及部課長所推薦同數目之營業部外人員，可得特別旅行的三天休假，以及所需之費用。

⑷設置以達成短期目標為條件的特別休假。

①達成 10、11、12 三個月之合計利益目標者，准予春季慰勞旅行一次，其後每月再准一日之特別休假。

②達成 10 月～3 月之合計利益目標者，准予 5 月 2 日、3 日、4 日特別休假三天。

③達成 10 月～6 月之合計利益目標者，准予 7 月或 8 月之夏季期間，特別休假四天。

5. 為使新製品之創造確實收到意義，應著力於開發與情報管理。

6. 增進員工之幸福與提高能力之目標。

⑴繼承上期繼續鞏固海外旅行的基礎。

⑵實施員工的國內研修旅行。

⑶為提高能力，須加強技術訓練與德性之涵養。

⑷須研究實施員工的房產制度以及其所須的貸款制度。

⑸研究加入中小企業退休互濟合作社。

⑹除技術訓練、德性涵養可以提高員工能力外，其他與賞務相關之種種競賽與技能測驗，亦足以提高員工之能力。

7.工廠近代化與設備合理化目標

⑴一如方針所指示的，今年的近代化必須慎重研討五年計劃，制訂出治本的計劃。

⑵今年的合理化投資，須抑制於 200 萬元以內。我們內部須儲備推動近代化的力量，以為實施五年計劃之用。

①設備合理化計劃

自本年起的 4 年計劃中

本身資本　　　　　　　積 30000 萬元

自所屬其他公司　　　　3500 萬元（轉變公司債）

近代化資金　　　　　　3500 萬元

一共 1 億元，擬用以計劃設備之更新與合理化。

8.高級品銷售目標

表 6-5-2　高級品銷售目標

商　標　名	％	平均單價	數　量	銷售目標金額
×××（包括 D）	60%	a100	噸	21000 萬元
×　　×	20%	a 80	噸	5600 萬元
其　　它	10%	a 70	噸	4900 萬元
合　　計	100%		噸	

三、2017 年度的經營方針

1. 貫徹經營觀念，繼承前期之實績，繼續力行下列諸項

(1)懼思熟慮、細心計劃，果敢實行。

(2)依照成果與工作分配利益。

(3)公私要辦明、人事要公平、勵行實力主義、信賞必罰主義。

(4)要為工作而感到樂趣，須自公司之工作而領悟人生之意義。

(5)創造活潑快樂的工作環境。

(6)凡有意義的即須加以愛惜，以發覺幸福。

2. 實施權限委託，推行有責任的職務工作

(1)除職責上非要自己負責不可者外，其餘的必須委託給部屬，由部屬去達成任務。

(2)一旦委託過權限之後，即不再干涉。但，報告別仍須呈遞。錯誤、損失或走極端等事，亦須給於指示。另外須銘記的，即最後的責任仍是上司個人的。

(3)凡自發自動，能負責又能締造偉大成果的人，可把大量權限委託給他。相反的，凡是怠惰而不能負責的人，則不能將權限委託給他。

3. 利益本位的組織運用

(1)為達成利益目標，須確立有效的組織，作有彈性的運用。

(2)支配組織，運用組織的人，不外是一個一個的人。把組織活化起來吧，揚棄偏見、揚棄小團體的劣根性或無謂的感情，彼此互信團結合作，以解決問題，達成成果。

(3)須以實質本位、成果本位編制組織。

(4)本年度將根據上列方針，如另表的編制組織。

4.確立公司所應邁進的方向

⑴業界接受中小企業近代化促進法的指定,預料將於近期內實施重編。面對著這一情勢發展,本公司的近代化措施以及其方向,益發顯得重要了。本年度須慎重而仔細地研討經營的近代化政策,實施近代化政策。

⑵確實確立工廠設備之近代化、製品政策、經營規模政策、銷售政策,在新的構想下奠定長期計劃的基礎。

⑶公司的這些方向,就是從中小企業邁向中堅企業的方向,這些方向是今年度所不能或缺的一個里程碑。

四、各部課方針

(一)營業部方針

基本方針:

我們要以不屈不撓的精神,達成親和與目標,為提高丸產公司的存在價值而努力工作。

1. 要在美好的人性關係之下,建立強力的推銷體系。

2. 要以誠實的勤快提高門市的週轉率。

3. 要將重點放在消費者政策上,專心於指名度之高度化。

具體方針:

1. 代銷商對策

以互相諒解,互相受益為宗旨,優先考慮既存權,強力推行地區代銷商的開發培養。

2. 零售商對策

把客戶分組,規定每月最少必須訪問 2 次,最多 3 次。並採取最

有機動性的銷售，隨時注意零售門市的商品循環，增進其銷售量。

3. 消費者對策

注意培養下一代的消費者，使之直接認識本公司製品，認識品質之優異性與特異性，並使之愛用本公司製品，發生親近感與安全感。

4. 設定主要的銷售品目

⑴袋裝物：以××、××、××為主力製品。

要以××為大眾製品而銷向市場。

⑵瓦楞紙製品：要以××、××為主力製品。

5. 回收政策

目標是應收帳款之 80%以上，本月銷貨之 105%以上。

6. 教育訓練

⑴要使推銷員具備營業員的自覺，要使大家以丸產員工而引以為榮。

⑵要使全體人員輪流參加種種講習會，培養營業員應有知識與使命感。

（註：諸計劃表從略）

(二)本公司銷售課之方針

基本方針：

為達成利益目標，希望能達成銷售課所分擔的數目。

具體方針：

1. 對代銷商系列下之銷售店之促進銷售。

2. 零售商對策

以本公司之佔據率較低地區為對象，作重點性的擴大銷售。

3. 開發新客戶

⑴一個月之新開發客戶　　二家以上

⑵一個月之新商標開發　　××公斤以上

（註：諸計劃表從略）

(三)豐橋營業所方針

口號：

懷著新的熱情與希望前進！

基本方針：

為達成利益目標，希望能達成豐橋營業所所分擔的數目。

具體方針：

1. 銷售方針

⑴××、××地區

①已設銷售店之培養

已設優良銷售店當然須要繼續支持，不過，凡月平均交易量在10000元左右的 B、C 級銷售店，也須要設法增加交易量。

②袋裝品、杯裝置

青果關係擴大銷品之擴大銷售

設售專門負責人，配合豐橋的轉貨代銷商，擴大推銷本公司裝品。

⑵××地區

斷然推行體質改善，使各個都成為新的優良交易店，以增進銷售與回收之效果。

⑶濱松地區

須努力培養第 14 期後半期所開發的代銷店。

⑷對婦女們的擴大銷售政策

依農協單位向區域婦女會推銷，經由烹調講習會而擴大銷售。

⑸開拓新客戶

把××至××地區之空間區指定為重點開拓地區,年度目標定為××噸。

2. 回收方針

完全管理回收情形不良之店鋪。

回收不良之店鋪,應由推銷員作徹底的銷售店庫存管理,全面停止銷售其他公司製品,即使是本公司製品亦不能做過於勉強之銷售。應逐漸走向正常的交易常軌。

(註:諸計劃表從略)

(四)東京營業所方針

基本方針:

1. 為達成利益目標,希望能達成東京營業所所分擔的數目。

2. 東京的人口眾多,密度極高,但紅豆醬的人口密度卻依然很稀薄。紅豆醬是我們的主力製品,我們須將之與東京的人口密切地連盤起來。

具體方針:

1. 對代銷商與青果關係之政策

⑴須急激增加新的代銷店。

⑵須提高已設代銷店之交易額 200%以上。

⑶須深深的滲透到青果關係內部。

2. 對零售商與消費者之政策

須努力使人們認識紅豆醬。為此須著力於佈置樣品與宣傳推銷,以求增進銷售。

(註:諸計劃表從略)

(五)名古屋營業所方針

基本方針：

1.與代銷店之協調

採取直接銷售制之營業所，其最須注意的問題，就是如何與已有之代銷商保持協調的問題。

我們須從大局著眼，勉勵代銷商，一邊擴大銷售，一邊鼓勵熱情，以求擴大名古屋營業所管轄內之綜合性需要，奠定堅固的經營基礎。

2.確保利益

名古屋營業所之最大使命，就是創造顧客與追求利益。

為要達成利益目標，希望能達成名古屋營業所所分擔到的數目。為此，我們必須明白名古屋營業所是整個公司中之一營業單位，是一個獨立作戰的單位，我們必須以富有獨創性之銷售技術，創造顧客，追求利益。

3.目標

我們凡是認為對的事情，就必須貫徹到底。

我們須要自動發揮所有的能力，為達成超過去年度實績××%之目標而努力工作。

（註：諸計劃表從略）

(六)總務部方針

基本方針：

1.利益是公司的心臟，達成利益目標就可以結合公司的全部力量。

福澤諭吉說「爭利就是爭理」。利益是要自己創造，而不是要從別人那裏搶奪過來。當一個人貫通了新知識、新技術及新理想之後，

利益就會產生出來。

2. 確保利益的有力手段，就是大力實施預算控制。

預算控制須有一位預算執行負責人。

預算執行負責人須負責執行預算。

鬚根據銷貨預算的達成率計算支出預算。

3. 確立成本計算制度，檢討邊際利益率，研究增加利益。

又，鬚根據邊際利益額之多少，而整頓各種品種。

4. 「天時不如地利，地利不如人和」，公司之方針，惟有全體員工同心協力而後才能達成。

須保持上下良好的聯絡關係，以確立理解與信賴的關係。

5. 「企業就是人」，所以公司的能力不可能超越員工的能力。然而，能力的開發卻是無止境的，而為充分的開發能力，我們須促進自我啟發，並增加公司內外的教育機會。

6. 壓縮資產，以促進總資產的週轉率。

7. 按照成果與工作情形決定薪資、分配利益。亦即要建立有工作意義的薪資體制。

8. 徹底實施信賞必罰主義。

凡徹底遵行的人，視業績之高低，均可獲得相當的報酬。並要培養其人的能力。

(七)企劃股方針

基本方針：

1. 所有各種活動，均須針對達成利益目標而活動。

2. 為利益率較高之銷售、知名度、指名度而擴大促進銷售活動。

具體方針：

1. 擬定基本的銷售促進計劃案。

2. 有效的廣告宣傳活動。

3. 徹底的市場調查與廣告效果測驗。

4. 靈活運用丸產家庭俱樂部。

5. 為創造企業心象而展開公共關係活動。

（註：諸計劃表省略）

(八)總務股與業務股方針

基本方針：

1. 以達成利益目標為最高的使命。

2. 以統一意識為前提，重視人性關係，努力創造光明的工作環境。發展公司之同時，尚須提高個人的社會地位。

3. 大力推行員工的教育訓練。

4. 研究實施提高工作熱情與士氣的政策。

5. 為求事務之更迅速、更正確化起見，須力求處理之合理化。

6. 須整理充實勞務、銷售等種種資料的總帳。

具體方針：

1. 勞務管理方面

⑴明確規定新組織下的責任、權限及職務分掌。

⑵積極推進提案制度。

⑶貫徹保健衛生政策。

⑷上下左右之聯絡關係之圓滑化。

⑸改善福利之政策。

2. 事務管理方面

⑴培養人才與提高士氣。

⑵各帳簿與總帳制度之檢討改善。

⑶徹底檢討接受訂購至貨款回收之各種簿表計算之事務工程，建立合理的事務體系。

⑷整理充實資料圖書。

⑸重新整頓客戶的總帳與資料。

⑹促進銷售、促進應收帳款之回收、充實統計資料。

（註：諸計劃表從略）

(九)會計股方針

會計股長　鈴木修次

基本方針：

1. 為達成利益目標之積極的會計活動。

2. 會計活動之早期性數字方面之把握。

3. 有益於經營管理之正確資料之早期製作。

4. 預算控制之加強實施。

具體方針：

1. 預算控制方面

⑴預算執行之際，將帳簿交給各負責人，由自我管理預算額而徹底實行預算主義。

⑵鞏固各事營業別的獨立合算制。

⑶與營業部合作策劃積極的應收帳款回收政策。

⑷與製造部合作，積極策劃成本管理與庫存管理，以提高生活性。

⑸與總務部合作策劃提高成本意識的政策，以期能收到合理化與節減經費的效果。

2. 計數管理方面

⑴根據月次決算作利益與計劃的早期差異分析。

⑵要充實自有資本，做為長期計劃的建設資金之準備。

⑶檢討實施附加價值的增進政策。

⑷利用簡單明瞭的圖表，以為長期經營計劃的資料。

(註：諸計劃表從略)

(十)製造部方針

基本方針：

1. 一切活動均須以達成利益目標為重點。

2. 我們要以更便宜、更好、更快為三大支柱，不走向局部的偏重主義，做好各課間之協調，活化創意研究，以求達成目標(年度中每人的生產量須增加 20%)。

3. 按照設備合理化四年計劃，須完成未來工廠之設計藍圖。

4. 除圖管理技術之進步外，尚須銘記「一切管理之出發點均在現場」。我們須推行與現場密切連貫的管理。

具體方針：

1. 更便宜的(合理化計劃)

⑴改進新工廠主設計。

⑵提高操作率。

⑶改善機械設備、提高處理能力。

⑷改善作業。

⑸提高開動率，提高成品率。

⑹徹底做好庫存管理。

⑺加強品質檢查制度。

2. 更好的(品質的提高)

⑴增設殺菌機。

⑵市場調查(改良品質、尊重嗜好性)。

⑶包裝資材之研究。

⑸充實檢查機關。

3. 更快的(嚴守交貨時限)

⑴加強工程管理。

⑵充實接受訂購之管理業務。

⑶努力實施有計劃的生產。

(註：諸計劃表從略)

(十一)開發課方針

基本方針：

活動須具彈性，最後必須達成目標具體方針。

1. 有關原料成熟之研究

⑴活用益菌。

⑵運用無麴法。

2. 有關現製品之研究

⑴創造改善品質與包裝的獨創性新製品。

⑵徹底的品質管理，並實施價值分析。

3. 年間的銷售額對退貨比率，須在×%以內。

4. 機械與裝置之研究開發。

⑴殺菌機。

⑵送火機。

⑶混合機。

5. 有關包裝資材之研究。

6.埃伊瑂之品質改良、高蛋白低熱量之豆醬之開發，已對目標之達成盡了很大的貢獻。

(十二)管理課方針

基本方針：

1. 做價值分析，謀降低成本，以期達成利益目標。

2. 促進現有設備之合理化，須為達成總釀造目標××噸而努力。

具體方針：

1. 釀造、品質管理

⑴依現有設備及人員所能發揮之最大原料處理能力，須將日產噸數自××噸提高××噸。

⑵為要增加操作日數，在各部課之合作下，將儘量減少因例行休假而不能釀造的日數，須從前期之釀造×××增加至×××，增加操作率×%。

⑶要在製造部各課的合作下努力提高品質，希望能在市場上獲致好評，並希望能在全國品評會中，得優勝金牌獎。

⑷混合用的信州釀造法，須改造釀造庫與政變設計。這要以自己公司的努力去克服。

2. 資材管理

⑴徹底做好庫存管理，掃除不良庫存，須在業界與各課的合作下，努力確保適當庫存。

⑵運用傳票徹底做出入庫管理與檢收工作。

⑶隨時檢點整備各種機械，使不致於使用中發生故障。

（註：諸計劃表從略）

(十三)製造課方針

基本方針：

謀求品質之提高與安定，從事工程管理、降低成本等，以便努力達成利益目標。

具體方針：

1. 根據受訂情形與庫存情況策訂生產計劃，提高生產力，以維持操作效率的目標線。

2. 相關作業之製品股、包裝股，其作業量必須保持平衡，並使之一定化。

3. 繼續注意每個工程的品質檢查，以安定出貨製品之品質。

4. 採用提高生產力所必須的編排設計，以提高操作率。

5. 有效的利用自動充填機，以提高操作率。

6. 在上下合作下，必須安定品質，將退貨率降低至年間×%以下。

※ 銷售部門的年度計劃工作（範例六）

第一章　基本目標

本公司 2019 年銷售目標如下：

1. 銷售額目標

⑴全公司目標××××萬元以上

⑵人均日銷售額××萬元以上

⑶營業部人均銷售額×××萬元以上

2. 利潤目標（稅後利潤）×××萬元以上

第二章　基本方針

為達到下期銷售目標，確立以下方針：

1. 業務機構改革以後，全體員工要安心工作，精通業務，有效地開展工作。今後無特殊情況，不再變革業務機構；

2. 堅持少而精的原則。職工人數要少、素質要高，實行高效率、高收益、高分配的政策；

3. 為使各級機構能迅速對市場變化做出反映，權限要大幅度下放；

4. 徹底實行責任制度，賞罰分明，有獎有罰；

5. 制訂完備的規定、規則，建立規範的業務管理制度；

6. 根據買方市場的特點，把銷售體制逐步從適應賣方市場向適應買方市場轉變；

7. 把促銷的重點目標放在發揮小商店、代理店上，在全國擴大銷售網站，更直接地面向終端零售者、最終消費者；

8. 依靠顧客調查卡管理系統，對小商店業績、總的銷售業績、需求預測等情況進行統計管理；

9. 與買方市場的特點相適應，要和代理店建立長期契約關係，確認交易條件；

10. 確立連續一貫的傳票會計制度；

11. 上述方針及各計劃、規定、制度要成文後，徹底貫徹下去。

第三章　業務機構的計劃

1. 內部業務機構

(1) 把服務機構升格為營業所，以促進銷售活動；

(2) 在營業所管轄區內，設立新的銷售機構；

(3) 解散原有的食品部，其所屬人員轉到營業所，從事銷售促進工

作；

(4)以上新體制建立後，業務機構不再繼續調整，在較長一個時期內須維持現狀，並確立嚴格的責任制度。

2.外部機構

交易機構及有關制度，以維持公司→代理店→小商店的銷售方式為重點。

第四章　小商店的銷售促進計劃

1.銷售體制

(1)把現有的××家小商店按地域、銷售產品的不同，建立銷售體制。

(2)所謂銷售體制，是指由 1 名推銷人員管理 30 家左右的小商店，每週一次或隔週一次對這些小商店進行訪問、調查、服務、指導，以促進這些小商店為推銷公司產品而努力。

(3)使××家小商店所推銷的本公司商品達到原來的 2 倍。

(4)將小商店的庫存量維持在 1 個月的銷售水準，代理店的庫存量維持在 2 個月的銷售量。

2.協會的設立和活動

(1)在按銷售方式促進銷售活動的同時，以影響力較大的小商店為中心，在不同的地域，創設協會。

(2)協會的工作大體如下：

①編發機關雜誌；

②向承擔本公司產品推銷任務的店員贈送領帶別針；

③在協作店(參加協會的小商店)之間開展競賽活動；

④舉辦講習班；

⑤介紹新產品知識；

⑥其他

⑶協會採取非正式組織的工作方式。

3.提高小商店職員的工作積極性

⑴為使小商店職員對本公司產品給予充分關心,加深理解,增強銷售的願望,要強化以下各項工作:

①把獎勵和促銷結合在一起

具體方法可以多種多樣,例如,每推銷本公司××元產品,可以給推銷的店員一定數量的獎金,以資鼓勵。獎金和推銷額可以按固定比例確定,也可以用遞進的辦法確定提取獎金比例。

②對促銷人員的鼓動

a.為使小商店職工提高銷售技術及產品知識,促銷人員要在對他們訪問時進行指導、教學和說明。

b.通過對小商店負責人的技術指導,間接地對其他職工進行指導。

第五章　擴大顧客需求的計劃

1.廣告計劃

⑴在銷售方式確立後,以人員訪問活動為主的同時,廣告宣傳活動也要跟上。

⑵要對廣告媒體進行檢查分析,在廣告預算上,要力求以最小的費用達到最好的效果。廣告計劃要根據這一原則來制訂。

⑶在前2項基本實現後,要認真研究廣告宣傳的技巧。

2.購買調查卡的運用

⑴要認真研究購買調查卡的回收方法和調查方法,以真正成為瞭解顧客購買動機的一種方式。

⑵根據購買調查卡的調查統計、銷售體制和顧客調查卡管理系

統，進行需求預測。

第六章　營業實績管理及統計

(1)根據由各小商店向顧客發送的顧客調查卡，進行銷售實績統計，並按銷售方式推銷，這種銷售促進工作的專門管理系統稱為顧客調查卡管理系統。這個管理系統的主要工作有：

① 對××家小商店、營業所和不同的地區統計銷售銷；

② 對××家小商店以外的銷售額進行統計；

③ 對不同品種商品的銷售額，按不同的營業所統計。

(2)根據上述統計資料，掌握各店的銷售實績、各銷售人員的活動實績以及不同品種商品的銷售實績。

第七章　營業預算的確定和控制

(1)營業預算和經營預算的確定十分重要。經營預算要根據營業實績，按移動方式進行。

(2)與預算有關的各種基準、要領，要成文公佈，總部要和各事業部交換合約。

(3)集中確定各事業部的預算和決算，進行對比分析，提出相應的對策。

(4)事業部的負責人要把部門的營業方針以及計劃按年、按季、按月分解，然後向總部提出具體方案，該修改的還需修正。

第八章　提高事業部負責人及其他幹部的水準

1.總部和事業部之間的關係

(1)事業部負責人（部長或主任）必須管理好事業部的經營工作。

(2)事業部負責人要把年、季、月的事業部經營方針及計劃制訂出來。

(3)事業部負責人要把年、季、月的活動及實績按規定的要求進行

分析，提出與計劃的差異，提出下一步對策，並按上述內容向總部報告。

(4)要把總部營業部對事業部之間的業務管理制度明確地確定下來，並成文公佈。

2.事業部內

(1)事業部負責人要按以下業務管理方式開展部內日常的業務：

①整理帳薄、憑證等薄記工具；

②制訂各種規定、規則；

③制訂業務計劃；

④確立指示、命令制度；

⑤建立業務報告制；

⑥彙報制度；

⑦指導教育的實施制度；

⑧確立會議制度。

(2)上述管理方式和內容必須和銷售服務相聯繫，並和預算的執行掛起鈎來。

心得欄

臺灣的核心競爭力，就在這裏！

圖書出版目錄

憲業企管顧問（集團）公司為企業界提供診斷、輔導、培訓等專項工作。下列圖書是由臺灣的憲業企管顧問（集團）公司所出版，自 1993 年秉持專業立場，特別注重實務應用，50 餘位顧問師為企業界提供最專業的經營管理類圖書。

選購企管書，敬請認明品牌：憲業企管公司。

1.傳播書香社會，直接向本出版社購買，一律 9 折優惠，郵遞費用由本公司負擔。服務電話(02) 27622241　(03) 9310960　　傳真(03) 9310961

2.付款方式：請將書款轉帳到我公司下列的銀行帳戶。

・銀行名稱：合作金庫銀行（敦南分行）　帳號：5034-717-347447
公司名稱：憲業企管顧問有限公司

・郵局劃撥號碼：18410591　郵局劃撥戶名：憲業企管顧問公司

3.圖書出版資料每週隨時更新，請見網站 www.bookstore99.com

經營顧問叢書

25	王永慶的經營管理	360 元		122	熱愛工作	360 元
47	營業部門推銷技巧	390 元		125	部門經營計劃工作	360 元
52	堅持一定成功	360 元		129	邁克爾・波特的戰略智慧	360 元
56	對準目標	360 元		130	如何制定企業經營戰略	360 元
60	寶潔品牌操作手冊	360 元		135	成敗關鍵的談判技巧	360 元
72	傳銷致富	360 元		137	生產部門、行銷部門績效考核手冊	360 元
78	財務經理手冊	360 元		139	行銷機能診斷	360 元
79	財務診斷技巧	360 元		140	企業如何節流	360 元
86	企劃管理制度化	360 元		141	責任	360 元
91	汽車販賣技巧大公開	360 元		142	企業接棒人	360 元
97	企業收款管理	360 元		144	企業的外包操作管理	360 元
100	幹部決定執行力	360 元				

269	如何改善企業組織績效〈增訂二版〉	360 元
270	低調才是大智慧	360 元
272	主管必備的授權技巧	360 元
275	主管如何激勵部屬	360 元
276	輕鬆擁有幽默口才	360 元
278	面試主考官工作實務	360 元
279	總經理重點工作（增訂二版）	360 元
282	如何提高市場佔有率（增訂二版）	360 元
283	財務部流程規範化管理（增訂二版）	360 元
284	時間管理手冊	360 元
285	人事經理操作手冊（增訂二版）	360 元
286	贏得競爭優勢的模仿戰略	360 元
287	電話推銷培訓教材（增訂三版）	360 元
288	贏在細節管理（增訂二版）	360 元
289	企業識別系統 CIS（增訂二版）	360 元
290	部門主管手冊（增訂五版）	360 元
291	財務查帳技巧（增訂二版）	360 元
292	商業簡報技巧	360 元
293	業務員疑難雜症與對策（增訂二版）	360 元
295	哈佛領導力課程	360 元
296	如何診斷企業財務狀況	360 元
297	營業部轄區管理規範工具書	360 元
298	售後服務手冊	360 元
299	業績倍增的銷售技巧	400 元
300	行政部流程規範化管理（增訂二版）	400 元
302	行銷部流程規範化管理（增訂二版）	400 元
304	生產部流程規範化管理（增訂二版）	400 元
305	績效考核手冊(增訂二版)	400 元
307	招聘作業規範手冊	420 元
308	喬・吉拉德銷售智慧	400 元
309	商品鋪貨規範工具書	400 元

310	企業併購案例精華（增訂二版）	420 元
311	客戶抱怨手冊	400 元
312	如何撰寫職位說明書（增訂二版）	400 元
313	總務部門重點工作（增訂三版）	400 元
314	客戶拒絕就是銷售成功的開始	400 元
315	如何選人、育人、用人、留人、辭人	400 元
316	危機管理案例精華	400 元
317	節約的都是利潤	400 元
318	企業盈利模式	400 元
319	應收帳款的管理與催收	420 元
320	總經理手冊	420 元
321	新產品銷售一定成功	420 元
322	銷售獎勵辦法	420 元
323	財務主管工作手冊	420 元
324	降低人力成本	420 元
325	企業如何制度化	420 元
326	終端零售店管理手冊	420 元
327	客戶管理應用技巧	420 元
328	如何撰寫商業計畫書（增訂二版）	420 元
329	利潤中心制度運作技巧	420 元
330	企業要注重現金流	420 元
331	經銷商管理實務	450 元
332	內部控制規範手冊（增訂二版）	420 元
333	人力資源部流程規範化管理（增訂五版）	420 元
334	各部門年度計劃工作（增訂三版）	420 元

《商店叢書》

18	店員推銷技巧	360 元
30	特許連鎖業經營技巧	360 元
35	商店標準操作流程	360 元
36	商店導購口才專業培訓	360 元
37	速食店操作手冊〈增訂二版〉	360 元

38	網路商店創業手冊〈增訂二版〉	360 元
40	商店診斷實務	360 元
41	店鋪商品管理手冊	360 元
42	店員操作手冊（增訂三版）	360 元
44	店長如何提升業績〈增訂二版〉	360 元
45	向肯德基學習連鎖經營〈增訂二版〉	360 元
47	賣場如何經營會員制俱樂部	360 元
48	賣場銷量神奇交叉分析	360 元
49	商場促銷法寶	360 元
53	餐飲業工作規範	360 元
54	有效的店員銷售技巧	360 元
55	如何開創連鎖體系〈增訂三版〉	360 元
56	開一家穩賺不賠的網路商店	360 元
57	連鎖業開店複製流程	360 元
58	商鋪業績提升技巧	360 元
59	店員工作規範（增訂二版）	400 元
61	架設強大的連鎖總部	400 元
62	餐飲業經營技巧	400 元
63	連鎖店操作手冊（增訂五版）	420 元
64	賣場管理督導手冊	420 元
65	連鎖店督導師手冊（增訂二版）	420 元
67	店長數據化管理技巧	420 元
68	開店創業手冊〈增訂四版〉	420 元
69	連鎖業商品開發與物流配送	420 元
70	連鎖業加盟招商與培訓作法	420 元
71	金牌店員內部培訓手冊	420 元
72	如何撰寫連鎖業營運手冊〈增訂三版〉	420 元
73	店長操作手冊（增訂七版）	420 元
74	連鎖企業如何取得投資公司注入資金	420 元
75	特許連鎖業加盟合約（增訂二版）	420 元
76	實體商店如何提昇業績	420 元

《工廠叢書》

15	工廠設備維護手冊	380 元
16	品管圈活動指南	380 元
17	品管圈推動實務	380 元
20	如何推動提案制度	380 元
24	六西格瑪管理手冊	380 元
30	生產績效診斷與評估	380 元
32	如何藉助 IE 提升業績	380 元
38	目視管理操作技巧(增訂二版)	380 元
46	降低生產成本	380 元
47	物流配送績效管理	380 元
51	透視流程改善技巧	380 元
55	企業標準化的創建與推動	380 元
56	精細化生產管理	380 元
57	品質管制手法〈增訂二版〉	380 元
58	如何改善生產績效〈增訂二版〉	380 元
68	打造一流的生產作業廠區	380 元
70	如何控制不良品〈增訂二版〉	380 元
71	全面消除生產浪費	380 元
72	現場工程改善應用手冊	380 元
77	確保新產品開發成功（增訂四版）	380 元
79	6S 管理運作技巧	380 元
83	品管部經理操作規範〈增訂二版〉	380 元
84	供應商管理手冊	380 元
85	採購管理工作細則〈增訂二版〉	380 元
88	豐田現場管理技巧	380 元
89	生產現場管理實戰案例〈增訂三版〉	380 元
92	生產主管操作手冊(增訂五版)	420 元
93	機器設備維護管理工具書	420 元
94	如何解決工廠問題	420 元
96	生產訂單運作方式與變更管理	420 元
97	商品管理流程控制(增訂四版)	420 元
99	如何管理倉庫〈增訂八版〉	420 元
100	部門績效考核的量化管理（增訂六版）	420 元
101	如何預防採購舞弊	420 元
102	生產主管工作技巧	420 元

103	工廠管理標準作業流程〈增訂三版〉	420 元
104	採購談判與議價技巧〈增訂三版〉	420 元
105	生產計劃的規劃與執行(增訂二版)	420 元
106	採購管理實務〈增訂七版〉	420 元
107	如何推動 5S 管理（增訂六版）	420 元
108	物料管理控制實務〈增訂三版〉	420 元

《醫學保健叢書》

1	9 週加強免疫能力	320 元
3	如何克服失眠	320 元
4	美麗肌膚有妙方	320 元
5	減肥瘦身一定成功	360 元
6	輕鬆懷孕手冊	360 元
7	育兒保健手冊	360 元
8	輕鬆坐月子	360 元
11	排毒養生方法	360 元
13	排除體內毒素	360 元
14	排除便秘困擾	360 元
15	維生素保健全書	360 元
16	腎臟病患者的治療與保健	360 元
17	肝病患者的治療與保健	360 元
18	糖尿病患者的治療與保健	360 元
19	高血壓患者的治療與保健	360 元
22	給老爸老媽的保健全書	360 元
23	如何降低高血壓	360 元
24	如何治療糖尿病	360 元
25	如何降低膽固醇	360 元
26	人體器官使用說明書	360 元
27	這樣喝水最健康	360 元
28	輕鬆排毒方法	360 元
29	中醫養生手冊	360 元
30	孕婦手冊	360 元
31	育兒手冊	360 元
32	幾千年的中醫養生方法	360 元
34	糖尿病治療全書	360 元
35	活到 120 歲的飲食方法	360 元
36	7 天克服便秘	360 元

37	為長壽做準備	360 元
39	拒絕三高有方法	360 元
40	一定要懷孕	360 元
41	提高免疫力可抵抗癌症	360 元
42	生男生女有技巧〈增訂三版〉	360 元

《培訓叢書》

11	培訓師的現場培訓技巧	360 元
12	培訓師的演講技巧	360 元
15	戶外培訓活動實施技巧	360 元
17	針對部門主管的培訓遊戲	360 元
21	培訓部門經理操作手冊（增訂三版）	360 元
23	培訓部門流程規範化管理	360 元
24	領導技巧培訓遊戲	360 元
26	提升服務品質培訓遊戲	360 元
27	執行能力培訓遊戲	360 元
28	企業如何培訓內部講師	360 元
29	培訓師手冊（增訂五版）	420 元
30	團隊合作培訓遊戲(增訂三版)	420 元
31	激勵員工培訓遊戲	420 元
32	企業培訓活動的破冰遊戲（增訂二版）	420 元
33	解決問題能力培訓遊戲	420 元
34	情商管理培訓遊戲	420 元
35	企業培訓遊戲大全(增訂四版)	420 元
36	銷售部門培訓遊戲綜合本	420 元
37	溝通能力培訓遊戲	420 元

《傳銷叢書》

4	傳銷致富	360 元
5	傳銷培訓課程	360 元
10	頂尖傳銷術	360 元
12	現在輪到你成功	350 元
13	鑽石傳銷商培訓手冊	350 元
14	傳銷皇帝的激勵技巧	360 元
15	傳銷皇帝的溝通技巧	360 元
19	傳銷分享會運作範例	360 元
20	傳銷成功技巧（增訂五版）	400 元
21	傳銷領袖（增訂二版）	400 元
22	傳銷話術	400 元
23	如何傳銷邀約	400 元

《幼兒培育叢書》

1	如何培育傑出子女	360 元
2	培育財富子女	360 元
3	如何激發孩子的學習潛能	360 元
4	鼓勵孩子	360 元
5	別溺愛孩子	360 元
6	孩子考第一名	360 元
7	父母要如何與孩子溝通	360 元
8	父母要如何培養孩子的好習慣	360 元
9	父母要如何激發孩子學習潛能	360 元
10	如何讓孩子變得堅強自信	360 元

《成功叢書》

1	猶太富翁經商智慧	360 元
2	致富鑽石法則	360 元
3	發現財富密碼	360 元

《企業傳記叢書》

1	零售巨人沃爾瑪	360 元
2	大型企業失敗啟示錄	360 元
3	企業併購始祖洛克菲勒	360 元
4	透視戴爾經營技巧	360 元
5	亞馬遜網路書店傳奇	360 元
6	動物智慧的企業競爭啟示	320 元
7	CEO 拯救企業	360 元
8	世界首富　宜家王國	360 元
9	航空巨人波音傳奇	360 元
10	傳媒併購大亨	360 元

《智慧叢書》

1	禪的智慧	360 元
2	生活禪	360 元
3	易經的智慧	360 元
4	禪的管理大智慧	360 元
5	改變命運的人生智慧	360 元
6	如何吸取中庸智慧	360 元
7	如何吸取老子智慧	360 元
8	如何吸取易經智慧	360 元
9	經濟大崩潰	360 元
10	有趣的生活經濟學	360 元
11	低調才是大智慧	360 元

《DIY 叢書》

1	居家節約竅門 DIY	360 元
2	愛護汽車 DIY	360 元
3	現代居家風水 DIY	360 元
4	居家收納整理 DIY	360 元
5	廚房竅門 DIY	360 元
6	家庭裝修 DIY	360 元
7	省油大作戰	360 元

《財務管理叢書》

1	如何編制部門年度預算	360 元
2	財務查帳技巧	360 元
3	財務經理手冊	360 元
4	財務診斷技巧	360 元
5	內部控制實務	360 元
6	財務管理制度化	360 元
8	財務部流程規範化管理	360 元
9	如何推動利潤中心制度	360 元

為方便讀者選購，本公司將一部分上述圖書又加以專門分類如下：

《主管叢書》

1	部門主管手冊（增訂五版）	360 元
2	總經理手冊	420 元
4	生產主管操作手冊（增訂五版）	420 元
5	店長操作手冊（增訂六版）	420 元
6	財務經理手冊	360 元
7	人事經理操作手冊	360 元
8	行銷總監工作指引	360 元
9	行銷總監實戰案例	360 元

《總經理叢書》

1	總經理如何經營公司(增訂二版)	360 元
2	總經理如何管理公司	360 元
3	總經理如何領導成功團隊	360 元
4	總經理如何熟悉財務控制	360 元
5	總經理如何靈活調動資金	360 元
6	總經理手冊	420 元

《人事管理叢書》

1	人事經理操作手冊	360 元
2	員工招聘操作手冊	360 元
3	員工招聘性向測試方法	360 元
5	總務部門重點工作（增訂三版）	400 元

6	如何識別人才	360 元
7	如何處理員工離職問題	360 元
8	人力資源部流程規範化管理（增訂四版）	420 元
9	面試主考官工作實務	360 元
10	主管如何激勵部屬	360 元
11	主管必備的授權技巧	360 元
12	部門主管手冊（增訂五版）	360 元

《理財叢書》

1	巴菲特股票投資忠告	360 元
2	受益一生的投資理財	360 元
3	終身理財計劃	360 元
4	如何投資黃金	360 元
5	巴菲特投資必贏技巧	360 元
6	投資基金賺錢方法	360 元
7	索羅斯的基金投資必贏忠告	360 元

8	巴菲特為何投資比亞迪	360 元

《網路行銷叢書》

1	網路商店創業手冊〈增訂二版〉	360 元
2	網路商店管理手冊	360 元
3	網路行銷技巧	360 元
4	商業網站成功密碼	360 元
5	電子郵件成功技巧	360 元
6	搜索引擎行銷	360 元

《企業計劃叢書》

1	企業經營計劃〈增訂二版〉	360 元
2	各部門年度計劃工作	360 元
3	各部門編制預算工作	360 元
4	經營分析	360 元
5	企業戰略執行手冊	360 元

請保留此圖書目錄：

未來在長遠的工作上，此圖書目錄可能會對您有幫助！！

在海外出差的………
台灣上班族

愈來愈多的台灣上班族,到大陸工作(或出差),
對工作的努力與敬業,是台灣上班族的核心競爭力;一個
明顯的例子,返台休假期間,台
灣上班族都會抽空再買書,設法
充實自身專業能力。

　　[憲業企管顧問公司]以專業
立場,為企業界提供最專業的各
種經營管理類圖書。

　　85%的台灣上班族都曾經有
過購買(或閱讀)[憲業企管顧問
公司]所出版的各種企管圖書。

　　尤其是在競爭激烈或經濟不景氣時,更要加強投資在
自己的專業能力,建議你:

　　工作之餘要多看書,加強競爭力。

建立企業圖書館

當市場競爭激烈時：

培訓員工，強化員工競爭力
是企業最佳對策

「人才」是企業最大的財富。如何提升人才，是企業永續經營、戰勝對手的核心競爭力。積極培訓公司內部員工，是經濟不景氣時期的最佳戰略，而最快速的具體作法，就是「建立企業內部圖書館，鼓勵員工多閱讀、多進修專業書籍」

建議您：請一次購足本公司所出版各種經營管理類圖書，作為貴公司內部員工培訓圖書。使用率高的（例如「贏在細節管理」），準備 3 本；使用率低的（例如「工廠設備維護手冊」），只買 1 本。

給總經理的話

　　總經理公事繁忙，還要設法擠出時間，赴外上課進修學習，努力不懈，力爭上游。

　　總經理拚命充電，但是員工呢？

　　公司的執行仍然要靠員工，為什麼不要讓員工一起進修學習呢？

　　買幾本好書，交待員工一起讀書，或是買好書送給員工當禮品。簡單、立刻可行，多好的事！

經營顧問叢書 ㉞   售價：420 元

《各部門年度計劃工作》 增訂三版

西元二〇一九年三月	增訂三版一刷
西元二〇一五年六月	二版二刷
西元二〇一一年十二月	二版一刷

編著：章煌明　黃憲仁

策劃：麥可國際出版有限公司（新加坡）

編輯：蕭玲

校對：劉飛娟

發行人：黃憲仁

發行所：憲業企管顧問有限公司

電話：(02) 2762-2241 　(03) 9310960 　0930872873

電子郵件聯絡信箱：huang2838@yahoo.com.tw

銀行 ATM 轉帳：合作金庫銀行 　帳號：5034-717-347447

郵政劃撥：18410591 　憲業企管顧問有限公司

江祖平律師顧問：紙品書、數位書著作權與版權均歸本公司所有

登記證：行政業新聞局版台業字第 6380 號

本公司徵求海外版權出版代理商 (0930872873)

本圖書是由憲業企管顧問（集團）公司所出版，以專業立場，為企業界提供最專業的各種經營管理類圖書。

圖書編號 ISBN：978-986-369-078-8